孩子读得懂的
数学思维

周礼芳　著
小歪　绘

北京理工大学出版社
BEIJING INSTITUTE OF TECHNOLOGY PRESS

图书在版编目（CIP）数据

孩子读得懂的数学思维 / 周礼芳著 ; 小歪绘. --
北京 : 北京理工大学出版社, 2022.6
　ISBN 978-7-5763-1206-5

　Ⅰ. ①孩… Ⅱ. ①周… ②小… Ⅲ. ①数学—少儿读
物 Ⅳ. ①O1-49

　中国版本图书馆CIP数据核字（2022）第062179号

出版发行 / 北京理工大学出版社有限责任公司
社　　址 / 北京市海淀区中关村南大街 5 号
邮　　编 / 100081
电　　话 / （010）68914775（总编室）
　　　　　 （010）82562903（教材售后服务热线）
　　　　　 （010）68944723（其他图书服务热线）
网　　址 / http://www.bitpress.com.cn
经　　销 / 全国各地新华书店
印　　刷 / 三河市金元印装有限公司
开　　本 / 889 毫米 × 1194 毫米　　1/16
印　　张 / 10.5　　　　　　　　　　　　　　责任编辑 / 陈莉华
字　　数 / 130千字　　　　　　　　　　　　文案编辑 / 陈莉华
版　　次 / 2022 年 6 月第 1 版　2022 年 6 月第 1 次印刷　　责任校对 / 周瑞红
定　　价 / 59.00元　　　　　　　　　　　　责任印制 / 施胜娟

哇噢！无处不在的数学

多少只袜子配成一双？

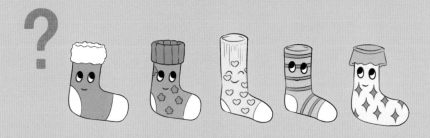

同学们，你知道多少只袜子配成一双吗？可能你会大声说："这么简单，当然是两只袜子配成一双嘛！"然而，答案是——并非两只！

啊！你也许在怀疑是不是听错了。没错，答案是——并非两只！别急，同学们，我再问你，小抽屉里装有红色和白色两种颜色的袜子，你闭着眼睛随便拿出两只，能保证2只颜色是一样的配成一双吗？你有可能很幸运，一次就配成一双，可是也有可能很多次都无法配成一双呢！那么，怎样拿袜子才能保证肯定有一双袜子颜色是一样的呢？答案是——一次拿3只。一次拿出3只，不管是红色还是白色，一定会有两只颜色一样的。这是一种数学思维，我们借助于第三只袜子帮忙完成了袜子配对。

请你想想，如果抽屉里有三种颜色的袜子、四种颜色的袜子，要怎样拿才能保证一定能配成一双呢？

猪八戒吵着要吃烤面包，沙僧烤面包的时候第一面要 2 分钟，第二面比较干，只需要 1 分钟，也就是说烤一块面包需要 3 分钟。沙僧要给师父、大师兄、二师兄三人每人烤一块面包，烤盘每次能放两块，你知道沙僧需要多长时间才能烤好三块面包吗？

你是不是这样想的——先把第一、第二块面包两面都烤好，再烤第三块面包的两面，共需要 6 分钟做好。

而聪明的沙僧利用数学中的统筹思维是这样做的：①先烤第一、第二块面包的第一面；②2 分钟后将第一块面包翻面，继续烤第二面，同时取出第二块面包放到盘子里；③然后在烤箱中放入第三块面包，过 1 分钟，取出第一块面包，放上第二块面包；④再过 1 分钟取出第二块面包，把第三块面包翻身烤第二面；⑤再过 1 分钟面包就都烤好了，一共只用了 5 分钟。

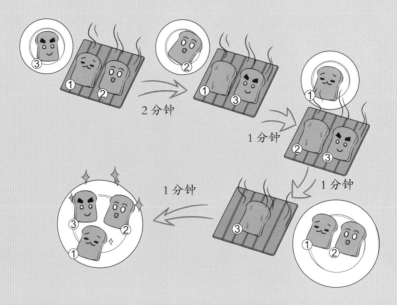

同学们，你看在日常生活中是不是到处都要用到数学知识呀，我们的生活还真是离不开数学哦。数学真的是无处不在耶！

目 录
CONTENTS

第一章

孙悟空一天要打几个妖怪
—— 对应思维

嗯，剩下的妖怪也不是很多啦……

真的？那是多少？

75 个

3%

恭喜您，已完成总任务的3%……

观音老师见悟空无精打采，便想到用分解任务的方法来安慰他。

妖怪消消乐

里程
108000

（boss局）

悟空，你觉得75个妖怪太多了，所以很难消灭对不对？

太难了！

妖怪消消乐

里程
108000

（入门局）

那如果用25天来完成，每天只用消灭3个妖怪，是不是简单多了？

咦？好像是！

取经计划表

取经天数 = （25）天；

除妖总数 = （75）个；

每日除妖个数 = （3）个。

✔ 对应思维

    同学们，你知道吗？善解人意的观音老师，在帮助悟空打消心里顾虑的时候，是巧妙地运用了数学里的"对应思维"哦！

    这个名词有点陌生？没关系，我们先来认识一下，什么是对应思维吧。

    对应思维，其实在我们日常生活中非常常见，你们也早就已经接触到了。比如，每块积木按照形状对应一个自己的位置；每辆小汽车对应一个自己的车牌号；每个小朋友对应一个自己的名字，这些都用到了对应思维。

    说回上述的漫画，观音老师是怎么使用这种思维的呢？

    悟空一开始觉得总任务"75 个妖怪"很多、很难，是因为他没有安排日程，不知道每天要打几个妖怪，就像拼一盒没有顺序的拼图一样，实在令人头大；在观音老师的帮助下，他把"每天任务"与"3 个妖怪"一一对应，合理安排之后，数量显得大大减少，自然看上去简单多了。

    同学们，如果你也遇到了和悟空一样的困难，不妨也试试这种方法吧！

虽然看上去很简单，但是可不要小看这种思维方式哦，它就像一个名片夹，把看上去复杂的事物分解开来，给每件事物贴上自己的"专属名片"，让我们的生活变得井井有条、充满秩序。

正因如此，这种简单有效的对应思维在我们的生活中才会无处不在。

那么，我们应该如何有意识地培养这种思维方式呢？其实，只要从简单的日常生活入手就可以了，我们来一起训练吧。

1. 同学们，请你仔细观察，如何把下面水壶中的水倒到上面的玻璃杯里。

（1）请选出一个水壶给画着太阳的玻璃杯倒进果汁，哪个水壶里的果汁能正好倒满玻璃杯呢？（在选中的水壶外面画上小红花）

（2）把画着太阳的水壶里的果汁倒出来，倒入到哪个玻璃杯里最合适呢？（在选中的玻璃杯外面画上小笑脸）

解析：先根据水壶里的果汁多少与上面杯子的大小一一对应，壶里果汁最少的对应最小的杯子，以此类推。

答案：（1）在从左往右的第四个水壶外面画小红花。

（2）在从左往右的第四个杯子外面画笑脸。

2. 一个苹果园今年收了许多果子，第一天卖出 1800 千克，第二天比第一天多卖 $\frac{1}{9}$，剩下总数的 $\frac{3}{7}$，第三天卖完，你知道第三天卖出多少千克苹果吗？这个果园一共收了多少千克苹果呢？

解析：第一步，根据题意可以把所有苹果分成 7 份。

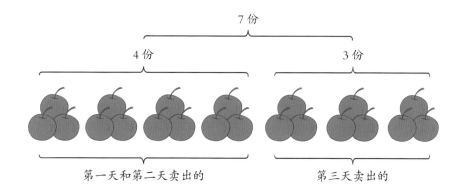

第二步，计算出第二天卖出的苹果：$1800+1800 \times \frac{1}{9} = 2000$（千克）。

第三步，计算出第一天和第二天一共卖出的苹果：$1800+2000=3800$（千克）。

第四步，计算出每一份苹果是：$3800 \div 4=950$（千克）。

第五步，计算出第三天卖出的苹果：$950 \times 3=2850$（千克）。

第六步，计算出果园一共收获的苹果：$950 \times 7=6650$（千克）；
　　　　或者 $1800+2000+2850=6650$（千克）。

3. 太湖湿地公园要铺设一条人行道，人行道宽 1.6 米，长 80 米，现在用边长为 0.4 米的红、黄两种正方形地砖铺设。

请问铺设这条人行道要红色、黄色地砖各多少块？（不计损耗）

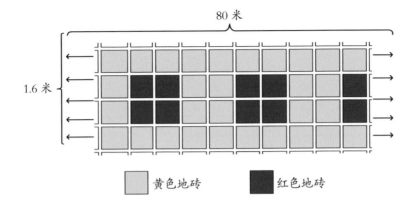

80 米

1.6 米

黄色地砖　　　　　红色地砖

解析：我们换个角度用对应思维想一想，先仔细观察铺设图示发现，4 块红砖对应 12 块黄砖组成一个铺设组，再通过观察分析，进一步发现 1 块红砖对应着 3 块黄砖，这样一来，我们就找到了红砖和黄砖数量之间的对应关系。

答案：由题可知，人行道宽 1.6 米，地砖边长为 0.4 米。

1.6÷0.4=4（块），每一组横着（宽）放 4 块砖，竖着（长）也是 4 块砖，4×4=16（块），每一组共 16 块砖，其中红砖 4 块，黄砖 12 块。那么，80 米长的人行道，可以铺设 50 组砖（80÷1.6=50），其中有 200 块红砖（50×4=200），600 块黄砖（50×12=600）。

4. 拼图游戏。

一盒拼图，不管里面的拼图块数是多少，我们要做的就是按照特定的图案，对应着将一块一块的拼图拼起来，在拼图的整个过程中，可以训练我们的对应思维。接下来，让我们给下面被打乱的拼图块标上对应的数字吧！

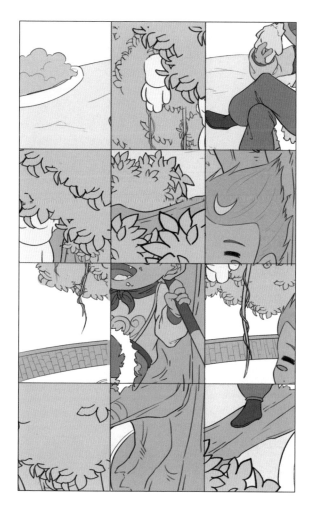

1. 一只小兔从起点向前跳 3 格，接着向后跳 4 格，然后又向前跳 8 格，再向后跳 6 格，这时小兔停下来休息，你知道小兔停在起点前还是起点后？与起点相距几格？

2. 小猴问小羊："1 根甘蔗 2 个头，2 根甘蔗 4 个头，6 根半甘蔗几个头？"小羊高兴地回答说："13 个头。"小羊回答得对吗？为什么？

3. 圣诞节到了，老师买了一些气球装饰教室，其中蓝气球和红气球共 23 个，蓝气球和黄气球共 30 个，黄气球和红气球共 29 个，你能算出红气球、蓝气球、黄气球各是多少个吗？

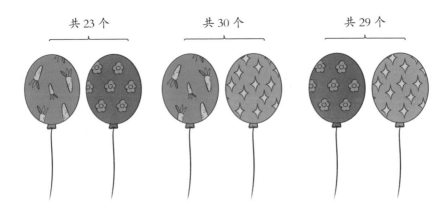

共 23 个　　　　　共 30 个　　　　　共 29 个

4. 有 7 个数排成一列，它们的平均数是 30，前 5 个数的平均数是 33，后 3 个数的平均数是 28，你知道第 5 个数是多少吗？

5. 下面是王老师骑车从学校去相距 7 千米的新华书店购书的折线图，看图回答：

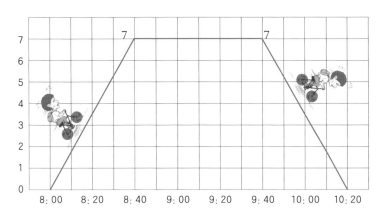

王老师在新华书店里购书用了多少时间？

王老师往返书店的平均速度是每小时行多少千米？

第二章

到底是谁偷吃了人参果
—— 假设思维

师徒四人来到万寿山五庄观的时候，主人镇元子不在家。不过没有关系，热情好客的镇元子特地留下了顶级特产"人参果"招待唐僧。

师父，您还有什么要嘱咐的吗？

欢迎光临！

人参果太贵了，记住，只能给唐僧一个人吃！

唐长老，这人参果 3000 年开花，3000 年结果，3000 年成熟，一次只结 30 颗果子……

啊，还有这样的宝物？

可是我不喜欢吃水果哎。

人参果的事被路过的猪八戒听到了，馋得不行，于是瞒着众人偷吃人参果。

哇，这就是传说中的——人参果！看起来好好吃的样子！

没关系，我只吃 2、3、4、5……颗，不会有人发现的。

我已经知道谁是小偷了！

真的？是谁？！

别急，一起来推理吧！

假设 1

如果是孙悟空偷吃的，那么只有孙悟空一个人说了假话，其他两个人说的是真话→假设不成立；

假设 2

如果是沙僧偷吃的，那么只有沙僧一个人说了假话，其他两个人说的是真话→假设不成立；

假设 3

如果是猪八戒偷吃的，那么猪八戒和孙悟空都说了假话，只有沙僧一个人说了真话→假设成立。

所以真相是——八戒偷吃了人参果！

嘿嘿，对……对不起……

唐长老果然学识渊博，棒棒哒！

呆子，你竟然一个人偷吃，也不叫上我们！

✓ 假设思维

　　学识渊博的唐僧，巧妙地运用了数学魔法——假设思维，轻松地推理出到底谁偷吃了人参果。

　　"什么是假设思维？"乍一听，同学们可能有点蒙，没关系，接下来我们一起来认识一下这个新朋友吧！

　　假设思维也是数学王国中一个非常重要的思维方式，运用它可以使许多非常复杂的问题变得简单起来，让那些像躲猫猫一样藏起来的条件明朗起来，让那些看不清摸不着的问题关系变得具体而清晰。

1.真假美猴王。

同学们，这里还有一个小秘密要告诉你们哦！那就是在假设思维中，只有满足题目中所有条件，答案才一定是正确的！

再回头看看上面的漫画，唐僧是怎么运用假设思维的呢？

（1）假设是悟空偷吃的人参果。根据题目意思进行推理，推出的结果是八戒、沙僧都说了真话，与题目中"只有一个人说了真话"的条件相矛盾，所以"假设是悟空偷吃的人参果"这个假设是不成立的。

（2）假设是沙僧偷吃的人参果。根据题目意思进行推理，推出的结果是悟空、八戒都说了真话，与题目中"只有一个人说了真话"的条件相矛盾，所以"假设是沙僧偷吃的人参果"这个假设也是不成立的。

（3）假设是八戒偷吃的人参果，根据题目意思进行推理，推出的结果是只有沙僧说了真话，与题目中"只有一个人说了真话"的条件相符合，所以"假设是八戒偷吃的人参果"这个假设是成立的。

假设思维就像一根魔法棒，把看上去真假难分、头绪复杂的事物一个一个寻找出来，让问题变得简单、清晰，真是太神奇了！

2. 糖豆豆的连衣裙。

糖豆豆买了一条连衣裙，故意让大家猜颜色，她说："我这条裙子的颜色是粉色、棕色、黄色三种颜色中的一种。"

同学 A："糖豆豆一定不会买粉色的。"

同学 B："不是黄色的就是棕色的。"

同学 C："那一定是棕色的。"

糖豆豆："你们中至少有一个人是对的，至少有一个人是错的。"

请问，糖豆豆的连衣裙到底是什么颜色的？

把下图涂上正确的颜色。

答案：黄色。

解析：① 假设裙子为粉色，那么同学 A、B、C 都错；② 假设裙子为黄色，那么同学 A 和同学 B 都对，同学 C 错；③ 假设裙子是棕色的，同学 A、B、C 都对。

所以连衣裙的颜色为黄色。

3. 八戒的游戏币。

猪八戒有 115 元游戏币，一共 15 枚，面值不是 5 元的就是 10 元的，问猪八戒面值 5 元的和 10 元的游戏币各有多少枚？

答案：10 元游戏币 8 枚；

5 元游戏币 7 枚。

解析：① 假设这 15 枚游戏币都是 5 元的：15×5 = 75（元），与猪八戒实际拥有的游戏币 115 元作比较，少了：115-75=40（元）。② 为什么会少了 40 元呢？因为我们把 10 元面值的当成了 5 元的计算，每枚 10 元的少算了：10-5=5（元）。③ 有多少枚 10 元面值的当成了 5 元的呢？ 40÷5=8（枚）。④ 5 元面值的有：15-8=7（枚）。

检验一下，我们的假设是否正确：

10 元：10×8=80（元）

5 元：5×7=35（元）

合计：80+35=115（元）

符合题目所有条件，说明我们的答案是完全正确的！

4. 八戒的买卖。

贪玩的八戒忘不了儿时的情怀，当起了玩具店老板，一个奥特曼进价20元，售价30元。一天，伶俐虫给了他100元要买奥特曼，可八戒没有零钱，就用这张100元去向黄袍怪换了2张50元的，找给伶俐虫70元。后来黄袍怪发现那张100元是假钱，八戒只好拿回假钱，另外给黄袍怪补了100元真钱。在这笔买卖中，八戒最后是赚了还是亏了呢？具体是多少钱呢？

答案：亏了90元。

解析：我们可以通过两种方法分析：

方法一：

假设八戒有100元→进货用去20元→还剩80元→收伶俐虫100元后八戒有180元（80+100=180）→找给伶俐虫70元后还剩110元（180-70=110）→

补黄袍怪 100 元后剩 10 元（110−100=10）。八戒的 100 元只剩下 10 元了，所以八戒亏了原有 100 减去剩下的 10 元，即 90 元（100−10=90）。

方法二：

假设伶俐虫给八戒的 100 元是真的，八戒一个奥特曼卖价 30 元减去奥特曼进价 20 元，赚了 10 元，即 30−20=10（元）；但是 100 元是假的就变成了废纸一张，八戒自己给黄袍怪 100 元真的，结果八戒亏了自己的 100 元减去赚的 10 元，即亏了 90 元（100−10=90）。

？ 题练思维

1. 沙僧去普陀山请观音菩萨救师父，来到一个岔路口，一条通往普陀山，一条通往花果山，他不知道走哪条路是去普陀山的。绿毛和红毛两个小妖怪把守着岔路口，旁边一块牌子上面写着——闯关必读：

①绿毛只说真话，不说假话；红毛只说假话，不说真话；
②只许同时向两个人问一个问题；
③绿毛和红毛只能通过点头和摇头来回答。

沙僧站在绿毛和红毛面前，左看右看，还是不知道谁是绿毛，谁是红毛，也不知道"点头"是表示"是"还是表示"否"。请问沙僧该怎么问呢？

2. 别看八戒平时呆头呆脑的，却意外地有商业头脑，旗下公司众多，这不，今天八戒的快递公司准备给一所学校送 2000 个花盆。协议中规定：每个花盆运费是 2 元，如果打碎 1 个，不给运费，还要赔偿 5 元。八戒最后收到运费共计 3755 元。你知道快递在运送中打碎了多少个花盆吗？

3. 动物学校举行知识竞赛，共 24 道题，做对一道题得 4 分，每做错一道题扣 2 分，如果不做则不得分也不扣分。小笨狼得了 82 分。请问他做对了几道题，做错了几道题，有几道题没做？

4. 商业大亨猪八戒又在卖葱了，1 块钱一斤，悟空跟八戒说：如果葱叶每斤 2 角，葱白每斤 8 角，并且分开称，他就全买了。八戒想反正自己不会赔钱，便答应了，结果却发现赔了不少钱。你知道这是为什么吗？

5. 熊妈妈买了两块油画画布，共长 93 米，第一块比第二块长 $\frac{1}{5}$ 还多 5 米，这两块画布各长多少米呢？

第三章

天池里的水够喝几天

—— 类比思维

醒醒，醒醒！新马来了！

以后每天都会有新马运到，你可千万不能渴着这些宝贝……

32，33……41，42……

现在有48匹马，我要怎么算出，它们几天会把天池里的水喝完呢……

还是去问问观音老师吧！

悟空不要着急，这个锦囊能帮你解决烦恼。

类比思维

类比思维？

☆ 32匹马，15天把水喝完；

☆ 36匹马，12天把水喝完，相对第一天，增加4匹马，减少了3天；

☆ 40匹马，9天把水喝完，相比第二天，增加4匹马，减少了3天。

通过锦囊，你发现其中的规律了吗？

我知道了！每增加4匹马，马儿们喝完池子里的水的天数就减少3天！

那么回到你的问题，当增加到48匹马的时候，它们几天会把水喝完？

与40匹马相比，马匹数增加了8匹，马儿喝完池水的天数应该减少6天。所以答案是3天喝完！

有了类比思维，再也不用担心天池里缺水了！

结束回忆，回到现实。

你知道我为什么给你讲这个故事吗？

大师兄是想告诉我，工作不分高低贵贱，挑好担子和喂好马一样，都是不容易的！

不！我想说的是——要当男主角，先学好数学！

· · · · · ·

类比思维

同学们，你知道吗，观音老师在帮助孙悟空计算时，巧妙地运用了类比思维哦！

当我们遇到一个陌生的、复杂的问题，发现它与我们熟悉的、简单的问题相同或相似的时候，就可以利用类比思维，将熟悉的方法运用到新的问题上，找到新规律。

1. 观察下面的图案，运用类比思维找出它们之间的联系，并进行连线。

答案： 鸟 ························· 飞机

鲸鱼 ························· 潜水艇

荷叶 ························· 雨伞

带锯齿的茅草 ························· 锯子

同学们，从连线中你发现了什么呢？

鸟、鲸鱼、荷叶、锯齿草就像一个个带路的人，在它们的启发下，我们通过观察、思考、猜想、类比推理、设计、创造，慢慢地就发明了它们的"双胞胎兄弟"——飞机、潜水艇、雨伞和锯子。

这就是类比思维，是不是很了不起！

2. 大熊和小熊的作业题。

大熊的作业：

10+12=22　35+15=50　23+16=39　24+17=41

小熊的作业：

12+10=22　15+35=50　16+23=39　17+24=41

解析：大熊和小熊写完作业后，看看他们发现了什么：

"咦！我们的题好像一样呢！"

"是啊，每个题的两个加数也一样，只是交换了位置。"

"答案也是一模一样的。"

规律：两个数相加，交换加数的位置，得到的和不变！

大熊和小熊通过观察、思考、猜想，推出了"两个数相加，交换加数的位置，得到的和不变"的规律，这就是加法交换律。

3. 谁是"墨水与笔"的朋友?

A. 牙膏与牙刷　　B. 鞋带与鞋子　　C. 轮子与汽车　　D. 水与鱼

答案: B

解析: "墨水与笔"的关系是墨水必须和笔搭配,但是笔有许多种类,如铅笔、圆珠笔、粉笔、油画棒等,不一定需要墨水。

接下来分析每组关系:

A. 牙膏必须与牙刷搭配,牙刷也必须与牙膏搭配。

B. 鞋带必须与鞋子搭配,但是有些鞋子不需要鞋带。

C. 轮子不一定与汽车搭配,自行车、手推车等也有轮子,但是汽车必须与轮子搭配。

D. 水里面不一定都有鱼,但是鱼不能离开水。

把A、B、C、D每组的关系与"墨水与笔"进行类比,排除关系不一致的A、C、D,选择关系一致的B。

4. 直接写得数。

2+1×9=11

3+12×9=111

4+123×9=1111

5+1234×9= ?

6+12345×9= ?

……

9+12345678×9= ?

解析: 运用类比思维,通过观察、思考,从前面三道题的运算符号和数的变化规律推算:

第一个算式开头是"2"，对应得数是"11"；

第二个算式开头是"3"，对应得数是"111"；

第三个算式开头是"4"，对应得数是"1111"；

由此类推出：

"5"→对应"11111"

"6"→对应"111111"

"9"→对应"111111111"

同学们可以计算看看，验证一下推出的结果是不是正确哦。

5. 切蛋糕。

一个正方形的蛋糕可以分成 4 个小正方形。那么，这块蛋糕能否被切成 6 个、7 个、8 个、9 个，甚至更多的小正方形呢？

动手画个大蛋糕，一起来把大蛋糕分成更多的小蛋糕吧！

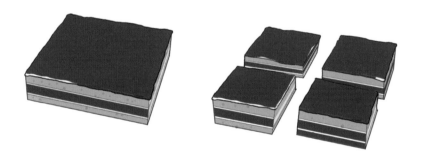

解析：运用类比方法，先将这个正方形蛋糕分成 9 个小正方形，然后再反着想，把其中 4 个小正方形合并成 1 个较大的正方形，就得到了 6 个正方形。以此类推，分成 7 个、8 个、9 个、10 个、11 个……

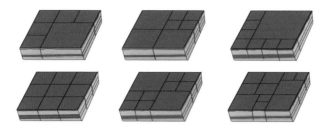

1. 给"水果·苹果"找朋友。

A. 香梨·雪梨   B. 树木·树枝   C. 家具·桌子   D. 天山·高山

2. 找出规律，填数字。

A. 1、 4、（   ）、10、13、（   ）、（   ）

B. 11、13、17、19、（   ）、（   ）、（   ）

3. 看图形找规律。

（1）

A.   B.   C.   D.

（2）

A.   B.   C.   D.

4. 拼图真神奇。

（1）一个正方形有四条边，如果两个正方形有一条公共边，如图：

我们就说这两个小正方形拼接在一起，那么你可以把四个相同的正方形拼接成几种图形？

拼接　　公共边

（2）怎样把四个同样的小正方体连接在一起，使相邻立方体有一个面连在一起呢？

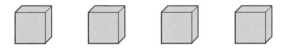

5. 师徒翻越火焰山。

上午 8 时开始上山，每小时行 3 千米，到达山顶时休息了 1 小时，然后下山，下山每小时行 5 千米，下午 2 时到达山脚下。全天一共走了 19 千米。请问上火焰山和下火焰山的路程各是多少千米？

第四章

金刚圈和乾坤圈

—— 转化思维

老君府

老君在家不？

老君跟太白金星听演唱会去了。

太白金星府

老君呢？

游戏比演唱会好玩，我让老君自己去了。

没有金刚圈，俺怎么打牛魔王？！

不把老君找回来，俺就不让你们玩！

乾坤圈借你，快让开！这局我要赢了！

???

大圣，金刚圈敲1次的力量等于乾坤圈敲5次的力量。

⭕ ×1
‖
⭕ ×5

✓ 转化思维

同学们，在没有金刚圈的情况下，太白金星巧妙地利用乾坤圈的力量帮助了孙悟空，这里就是运用了数学思维中的转化思维。

这是我们这章要认识的新朋友哦，先来看看什么是转化思维吧！

转化思维就是把一个实际问题通过某种转化，变成已有的知识和经验，经过组合、变式、变化等方法，通过数与数、数与形、形与形之间的互相转化，把不知道的转化为知道的，把复杂的变成简单的，把抽象的变为具体的，帮助解决问题。

唉，听起来好难呀！别急，同学们，我们一起来看看《曹冲称象》的故事：

三国时候，孙权送给曹操一头大象。曹操想知道大象到底有多重，起初文武百官都没有想出办法，直到小曹冲站了出来。曹冲叫人把大象牵到一艘船上，等船身稳定不动了，在船舷齐水面的地方，刻了一条刻度线。然后命人把象牵上岸，再把大大小小的石头装上船，船身一点儿一点儿往下沉，一直沉到记号线和水面一样齐，才停止装石头。

文武百官完全摸不着头脑，后来才意识到：只要称出船里的石头有多重，就知道大象有多重了。

同学们，你们知道曹冲是如何算出来的吗？

因为两次船下沉后被水面所淹没的深度一样——只有当大象与船里石头一样重（重量相等）时，才会淹没得一样深。在古时候要直接称出大象的重量是非常困难的，曹冲运用转化思维思考问题，把"称大象重量"问题转化为"称船里石头的重量"问题，即运用等量代换的方法：把大象的重量换成石头的重量，只要称出船里石头的重量就间接称出了大象的重量。

　　转化思维在我们的生活中无处不在，它就像一位隐形的老师，在需要的时候随时帮助我们解决问题。接下来，我们一起来试一试吧！

1. 小笨熊的算术题。

周一大早，小笨熊迟到了，他急急忙忙跑进教室，结果看到黑板上写着：

4+4+4+4+4+4+4+4+4+4+4+4+4+4+4+4+4+4+4+4+3= ？

小笨熊当时就蒙圈了，因为小笨熊迟到了，没有听见老师讲转化思维。金丝雀主动站了出来，给小笨熊补上一课。

解析：

观察发现这是一道加法题，是 20 个 4 连加后再加上 3。

通过转化思维，我们可以把这道题变成乘法题，把 3 转化成（4-1），题目就变成 $4 \times 21-1 = ？$ 这样计算起来就简单多了。

先算乘法，再算减法：$4 \times 21-1 = 84-1 = 83$。

2. 沙僧卖鱼。

沙僧卖鱼有一条很奇怪的规定：每一个买鱼的人必须买他筐里鱼的一半加上半条。照这样的卖法，第 5 个人买了鱼以后，筐里的鱼刚好卖完。

你知道筐里原来有多少条鱼吗？

解析：

第一步，利用转化思维，把题目转化为最后一人买鱼前有多少条鱼，第四人买鱼前有多少条鱼，第三人买鱼前有多少条鱼，第二人买鱼前有多少条鱼，第一人买鱼前有多少条鱼，然后根据题意倒着推算。

第二步，根据"凡买鱼的人必须买筐中鱼的一半再加半条"和"第 5 个人买了鱼以后，筐里的鱼刚好卖完"可知：

（1）最后一个人买完了鱼，那最后一人买鱼前有鱼：0.5+0.5 = 1（条）；

（2）第四个人买鱼前有 3 条；

（3）第三个人买鱼前有 7 条；

（4）第二个人买鱼前有 15 条；

（5）第一个人买鱼前有 31 条。

所以，筐中原来有 31 条鱼。

3. 计算图中蓝色加绿色部分面积。

解析：

这幅图看上去似乎毫无头绪，蓝色和绿色的部分不是圆，不是正方形……尤其绿色部分单独算起来很麻烦。

别急，换个角度想问题，把绿色的部分移动、拼接一下。图形形状变了，面积却没有变哦！

现在再看图是不是就清晰了：图中蓝色加绿色部分就是四分之一圆面积。

这就是神奇的转化思维，把看起来很复杂的问题一下子变得简单啰！

4. 漂亮的红地毯。

学校举办跨年音乐盛会，需要把学校礼堂的台阶铺上红地毯。礼堂台阶共有 20 级，每级台阶高 20 厘米，台面宽 40 厘米，长 130 厘米，那么需要购买多少平方米红地毯才能铺满整个台阶呢？

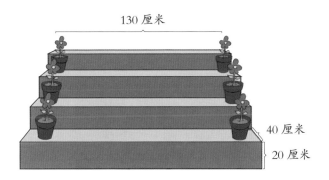

解析：

第一步，从侧面看台阶，如图：

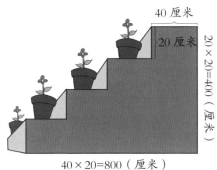

第二步，把横着的线段平移到楼梯的上面，把竖着的线段平移到左侧，图形变成了一个长方形，所需地毯的长度就转化成了长方形的长和宽，即 $40 \times 20 + 20 \times 20 = 1200$（厘米）。

第三步，转化单位，1 米 = 100 厘米，130 厘米 = 1.3 米，1200 厘米 = 12 米。

第四步，计算。所需地毯是一块长 12 米，宽 1.3 米的长方形，面积是：$12 \times 1.3 = 15.6$（平方米）。

？ 题练思维

1. 利用转化思维，计算 29+299+2999+29999+299999+2999999。

2. 大头儿子和小头爸爸。

小头爸爸下班回家，在离家 300 米的时候，大头儿子和小狗一起向他走来，小头爸爸的速度是每分钟 40 米，大头儿子的速度是每分钟 30 米，小狗的速度是每分钟 200 米，小狗遇到小头爸爸后用同样的速度不停地往返于两人之间，当两人相距 20 米时，小狗一共跑了多少米？

3. 六耳猕猴的老巢。

$$\frac{1}{2} + \frac{1}{4} + \frac{1}{8} + \frac{1}{16} + \frac{1}{32} + \cdots + \frac{1}{512} = ?$$

你能帮助孙悟空顺利进入六耳猕猴的老巢吗？

4. 用水计算橙子体积。

下面是一缸水和一个橙子，水缸长 20 厘米，宽 15 厘米，水面高 10 厘米，把橙子放进去之后，水面上升 1 厘米，变成了 11 厘米。你能算出橙子的体积是多少立方厘米吗？

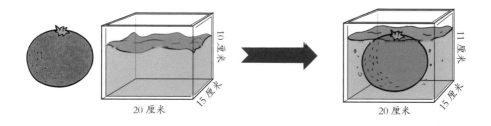

5. 猪八戒回村。

猪八戒终于回到了魂牵梦绕的高老庄，准备再次追求高小姐。没想到刚走到村口，就看到墙上挂着一条横幅，上面写着一道题：

$$\frac{2995}{2996} \times 2997 = 2997 - \square$$

猪八戒仔细再看，数学题后面还有一排小字：猪八戒，你知道□里的数是多少吗？答上来才能进村子！

第五章

答谢宴的宾客该怎么坐

—— 分类思维

得到了观音菩萨的指点，聪明的孙悟空很快就划分好了宾客区域。

妖魔鬼怪区

逍遥神仙区

我佛慈悲区

14:23
微博
5 分钟前
发布
快来网红地打卡啦！
花果山欢迎你！

✓ 分类思维

同学们，观音老师在帮助悟空安排客人座位的时候巧妙地运用了"分类思维"，是不是将一切变得清晰简单了？

什么是分类思维呢？

分类思维是指通过对事物进行分析、比较，找到它们的相同点和不同点，根据一定的标准对事物进行有序划分，将事物分成不同种类的一种数学思维。

其实，分类思维一直藏在我们的日常生活里。

超市的商品那么多，我们很容易找到自己需要买的东西，这是因为超市的工作人员已经把商品进行了分类。

还有像社会一直在呼吁的垃圾分类，也是通过一定的标准将垃圾分类储存、运输、再加工，从而提高垃圾的循环利用，既节能环保，又为社会创造了更多经济价值。

在刚才的漫画里，观音老师帮助悟空安排客人们座位的时候，就采用了分类思维，根据客人的属性分成三类，同类客人坐在一起，自然不会有争吵啦。

同学们可以想想，除了按照菩萨、神仙、妖怪的分类方式外，还可以怎样安排客人的座位呢？是不是也可以按照性别来划分呢？

分类思维就像一只有魔法的手，有了它，可以把那些看起来乱糟糟、毫无头绪的事物变得井井有条，简单明了。

生活中处处可以发现各种形式的分类，细心观察就可以更好地练习我们的分类能力啦！

1. 现在来考考你是不是垃圾分类小能手！以下这些垃圾，分别属于哪种垃圾？给它们涂上和垃圾桶对应的颜色吧！

2. 分一分。

把下面六个图形分为两类，使每一类图形都有各自的共同规律。

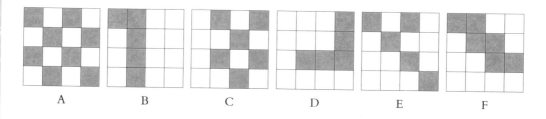

A   B   C   D   E   F

  解析：六个图形都是由白色正方形和黄色正方形拼接而成的，通过仔细观察发现，这些正方形拼接的不同在于黄色正方形，一类是黄色正方形的角相连，一类是黄色正方形的边相连。

  所以，根据规律它们可以分成：黄色正方形角相连的 A、C、E；黄色正方形边相连的 B、D、F。

3. 谁的办法多。

观察下面图形特点，请你想办法把它们分一分。

解析：图上从颜色看有红色、绿色，从形状看有正方形和圆形，从大小看，有大有小。怎么分呢？

可以按颜色分类，相同颜色的为一类，如图（1）；

可以按大小分类，大的一类小的一类，如图（2）；

可以按形状分类，圆形和正方形分别一类，如图（3）；

还可以如图（4）所示一样一层一层地按层次分类。

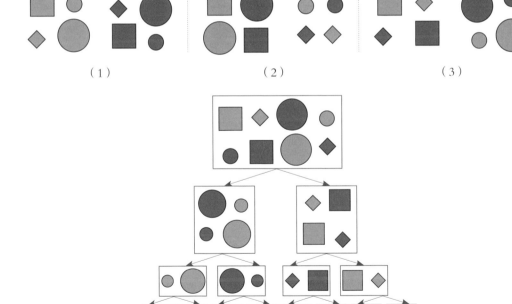

（1）　　　　　　　　　（2）　　　　　　　　　（3）

（4）

同学们，我们通过分一分上面的图形，你发现了什么呢？

原来，分类时首先要确定按什么标准分类，不同的分类标准就会有不同的分类结果，还可以将分类对象分层次进行分类，形象地体现出各个对象之间的关系。

4. 奇妙的数值。

把 12、23、21、31、13、32 分一分，这 6 个数怎么分呢？

解析：初看这 6 个数之间没有任何关系，通过观察分析发现，这 6 个数是由 1、2、3 三个数字分别组成的两位数，我们可以这样分：

第一种，按组成两位的不同数字分类，把由相同数字组成的两位数分成一类，可以分成三类，即 1 和 2 组成的 12、21 一类，2 和 3 组成的 23、32 一类，1 和 3 组成的 13、31 一类。

第二种，固定十位数字（即十位数字相同的）进行分类，十位是 1 的一类：12、13；十位是 2 的一类：23，21；十位是 3 的一类：31，32。

第三种，固定个位数字进行分类，分三类，个位是 1 的一类：21，31；个位是 2 的一类：12，32；个位是 3 的一类：13，23。

同学们，我们不仅能给物品分类，还可以给数值分类，最重要的是每一次分类前要确定一个正确、合理的分类标准，确保对数学对象的正确、合理分类。

5. 与众不同。

找出下面图形中最不同的那一个。

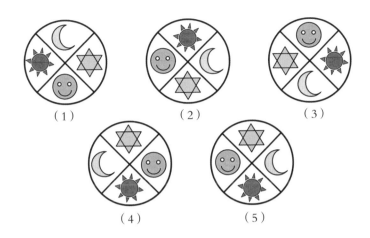

（1）　　　　　　　　（2）　　　　　　　　（3）

（4）　　　　　　　　（5）

　　解析：第一眼看图，所有的5个图形都是一个圆分成了四等份，每一份都是一个扇形。每个扇形都分别放进了笑脸、太阳、月亮、星星图案，形状和图案组合都是一样的。它们的不同在哪里呢？每个图形的特征是什么呢？

　　形状和图案组合一样，那么决定每个图形特点的就是图案的位置了。

　　每个图形中有四个图案，抓住其中一个图案下手，我们抓笑脸图案来分析，发现图（2）和图（5）的笑脸在同一个位置，但是其他三个图形的排列却不相同。图（2）从笑脸→太阳→月亮→星星是顺时针排列的，图（5）的排列是逆时针排列的。再看图（1）（3）（4）中的笑脸、太阳、月亮、星星图案也都是按顺时针排列的。

　　所以图（5）就是那个与众不同的一个哦。

1. 把下面 6 个图形分为两类，使每一类图形都有各自的共同规律。

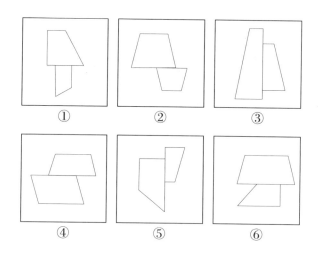

① ② ③

④ ⑤ ⑥

2. 把图中的用具进行分类，你有哪些方法?

3. 试试看，你能全部找到吗?

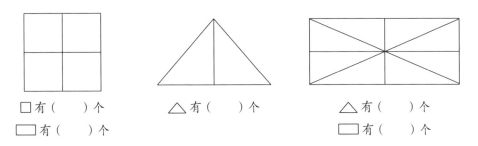

□ 有 ( ) 个
▭ 有 ( ) 个

△ 有 ( ) 个

△ 有 ( ) 个
▭ 有 ( ) 个

4. 唐僧师徒西天取经要过许多关卡，每个关卡都必须按要求完成任务才能顺利通关，继续前往西天。一天，他们来到天竺国，城门口的墙壁上画着八组分别由两条线组成的图形，要求所有人必须完成图形问题才能得到国王颁发的通关过境文书。师徒四人冥思苦想了一整天都没弄明白题目意思……聪明的同学们，你知道这道题是什么意思，怎么完成吗?

5. 学校开办了书法、舞蹈、美术和非洲鼓四个课外兴趣班，每个学生最多可以参加两个班，也可以不参加，你知道每个学生参加兴趣班有多少种选择方式吗？至少有多少名学生才能保证有两个或两个以上的同学参加兴趣班的情况完全相同？

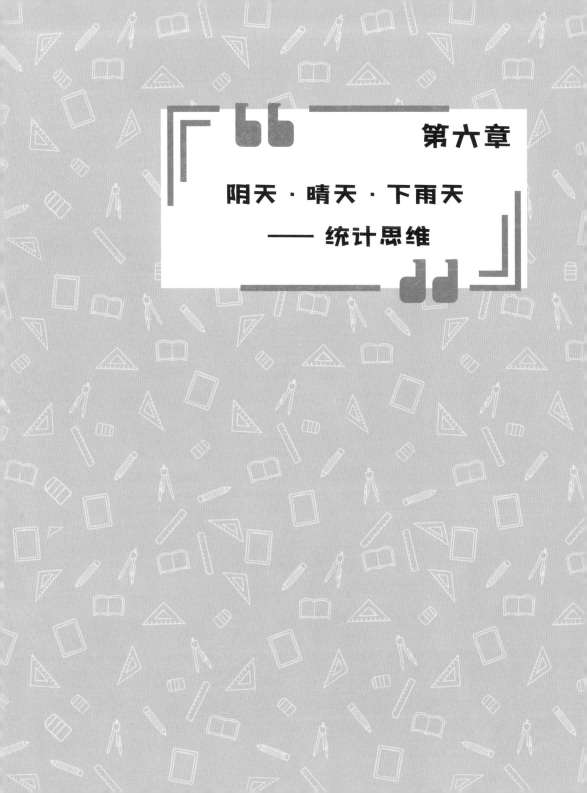

第六章

阴天·晴天·下雨天

—— 统计思维

请收我为徒。

我出一道题，答对了我就收你为徒。

这是10月的天气，你告诉我有几种天气，每种天气各有几天，答对了我就收你为徒。

看着密密麻麻的日期和天气可难倒了孙悟空，他总是算了阴天忘了晴天，就这么一直被天数和天气折磨着。

7日阴天完了是什么天？雪天？晴天？

菩萨，算术题的紧箍咒太难了！救命！

061

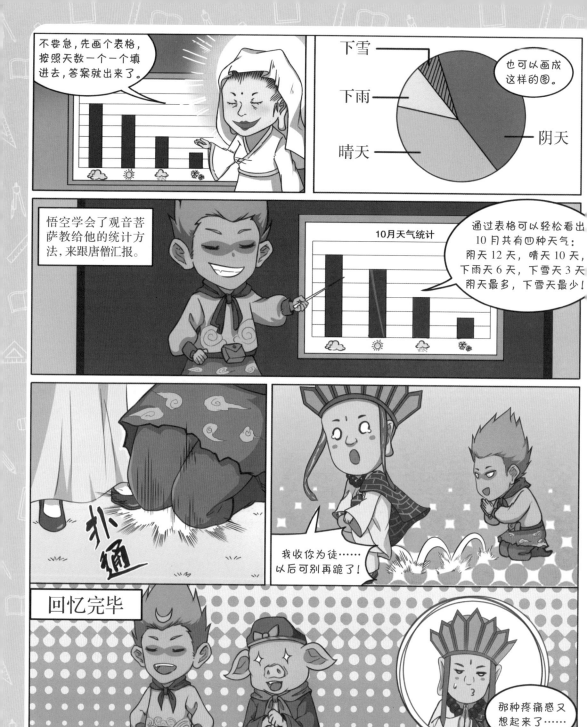

统计思维

同学们，观音老师帮助悟空弄清楚10月有几种天气，每种天气各有几天的时候巧妙地运用了"统计思维"哦！

什么是统计思维？

统计思维在我们的日常生活中运用非常普遍，你们早就多多少少接触过了，它是我们认识世界数量特征的重要工具。

在上述漫画的统计图中，无论是柱状图还是饼状图，都可以很直观地看出在10月份天气中，阴天天数最多，晴天天数第二，下雨天天数第三，下雪天天数最少——统计可以让繁杂的数据变得非常明晰。

1. 这天，猪八戒和沙和尚两个人为了该谁去探路吵得不可开交，那么就请统计思维来大显身手吧！

2. 摊主能赚钱吗？

公园的游戏区里有个抽奖的摊位，抽奖箱里有 10 个红球和 10 个白球，共计 20 个小球。1 元可抽 10 个球。

抽奖规则如下：

（1）一次性抽中 10 个红球或 10 个白球者，奖 50 元；

（2）一次性抽中 9 个红球 1 个白球或 9 个白球 1 个红球者，奖 25 元；

（3）一次性抽中 8 个红球 2 个白球或 8 个白球 2 个红球者，奖 5 元；

（4）一次性抽中 7 个红球 3 个白球或 7 个白球 3 个红球者，奖 1.5 元；

（5）一次性抽中 6 个红球 4 个白球或 6 个白球 4 个红球者，奖 0.5 元；

（6）一次性抽中 5 个红球 5 个白球者，必须花 6 元钱跟摊主购买一双袜子。

同学们，仔细观察游戏规则，我们发现除了"一次性抽中 5 个红球 5 个白球"情况外，其他各种情况均有奖金。

这样一来，摊主岂不是要亏本啦？这种 1 元抽奖活动摊主能赚钱吗？

解析： 想知道摊主能不能赚钱，让我们一起来看看抽奖一万次的概率统计吧。

抽奖情况	抽中次数	奖金/元	摊主支出/元	摊主收入/元
抽中 10 个红球或 10 个白球	1	50	50	1
抽中 9 个红球 1 个白球或 9 个白球 1 个红球	11	25	25×11=275	11
抽中 8 个红球 2 个白球或 8 个白球 2 个红球	219	5	5×219=1095	219
抽中 7 个红球 3 个白球或 7 个白球 3 个红球	1558	1.5	1.5×1558=2337	1558
抽中 6 个红球 4 个白球或 6 个白球 4 个红球	4774	0.5	0.5×4774=2387	4774
抽中 5 个红球 5 个白球	3437	0	4×3437=13748（袜子成本价 4 元）	3437+3437×6=24059
合计	10000		19892	30622

抽奖一万次，摊主的支出部分为 19892 元，而摊主的收入部分为 30622 元，这就是说，抽奖一万次，摊主净赚 30622−19892=10730（元）。

怎么样，运用统计思维，我们计算出摊主不仅不会亏本，而且是赚钱的哦！

同学们，统计思维还可以成为我们探寻真相的好帮手哦！

比如福尔摩斯可以根据案件现场的一些蛛丝马迹，就推测出凶手的身高、形象，惯用左手或者右手；还有那些所谓的算命先生，自称能依据人的面相、八字，分析出吉凶运势。

其实这些都是统计的功劳。通过在生活中收集很多资料，从随机性中寻找规律性，作出判断。大数据时代的今天，人们在做重要决策时，都要去收集数据、分析数据，运用统计帮自己做出正确合理的决定。这也是统计的魅力所在。

怎么样，同学们，统计思维不仅简单，还有大用途咧！

3. 孙悟空的统计表。

学会统计的孙悟空兼职担任了某小学的辅导老师，他的第一项任务就是对班级全体同学参加课外兴趣班的情况进行统计（每位同学只参加一种）。

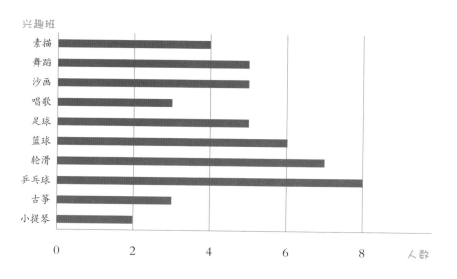

解析：同学们，从上面的条形图中，你都能知道些什么呢？

第一，我们可以知道，班里一共有48名学生参加了兴趣班。

第二，一共有10种兴趣班。其中：素描4人，舞蹈5人，沙画5人，唱歌3人，足球5人，篮球6人，轮滑7人，乒乓球8人，古筝3人，小提琴2人。

第三，学习乒乓球的同学最多，学习小提琴的同学最少。

第四，学习舞蹈、沙画和足球的同学一样多。

第五，学习唱歌和古筝的同学一样多。

第六，学习乒乓球的比学习轮滑的同学多1人，学习篮球的比学习轮滑的同学少1人。

孙悟空根据收集到的资料，知道了同学们的爱好和特长，但具体有什么用处呢？

有了这些资料，以后有需要表演节目的时候，就可以让学习小提琴、古筝、唱歌、跳舞的同学多多展示才华；班级要办黑板报，就可以让学习素描和沙画的同学来负责；学校举行体育比赛，就可以让学习篮球、足球、乒乓球以及轮滑的同学来参加……总之，孙悟空正在让同学们各自发挥特长，努力建设优秀班集体呢。

4. 小八戒的成绩单。

下面的表格，是小八戒第一学期数学各单元测验的成绩表。

八戒第一学期数学各单元自我评价的成绩统计表

单元	一	二	三	四	五	六	七
成绩 / 分	80	90	95	84	93	94	95

（1）根据上面表格，你来绘制下面的折线统计图。

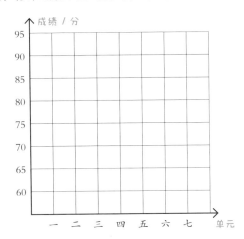

（2）（　　）单元小八戒成绩最差。

（3）（　　）单元小八戒成绩上升最快。

（4）说说从图中你还发现了什么？

解析：

（1）

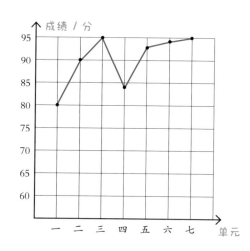

（2）一单元小八戒成绩最差。

（3）二单元小八戒成绩上升最快。

（4）从这个折线统计图中不但可以清晰地看出成绩的分数，还能看出成绩变化趋势是上升或下降。小八戒一单元测试成绩最差，二单元、五单元成绩上升快，四单元成绩下降较多，三、六、七单元成绩比较稳定。

5. 人口普查。

2000 年第五次人口普查中，据统计我国总人口为 126583 万人（不含港澳台地区）。

下面是我国 2021 年第七次人口普查和 2010 年第六次人口普查的部分数据统计（不含港澳台地区），请仔细阅读两个统计表，说说你从中发现了什么。

2021 年第七次全国人口普查结果统计

总人数	男女比例		年龄构成			
	男	女	0~14 岁	15~59 岁	60 岁及以上	其中 65 岁及以上
141178 万人	51.24%（72334 万人）	48 .76%（68844 万人）	17.95%（25338 万人）	63.35%（89438 万人）	18.70%（26402 万人）	13.50%（19064 万人）

2010 年第六次全国人口普查结果统计

总人数	男女比例		年龄构成			
	男	女	0~14 岁	15~59 岁	60 岁及以上	其中 65 岁及以上
133972 万人	51.27%（68685 万人）	48.73%（65287 万人）	16 60%（22246 万人）	70 14%（93962 万人）	13 26%（17765 万人）	8.87%（11883 万人）

解析：通过阅读资料和统计表，首先发现第七次人口普查人口总数比第六次增加了 7206 万人，第六次人口普查人口总数比第五次增加了 7389 万人。

由此发现我国人口总数近 10 年增长速度低于上一个 10 年的增长速度，人口总数保持着低速增长；第六次和第七次普查在男女比例中都显示出男性所占比例高于女性，第七次人口普查时女性比例略有上升，说明我国人口性别比例在慢慢改善，人们重男轻女思想也在改变；在年龄构成中，0~14 岁所占比例 2021 年比 2010 年有所上升，说明我们国家的生育政策调整取得了成效。60 岁及以上人口特别是 65 岁及以上人口占比增加很多，说明我们国家老年人越来越多，人口老龄化程度在进一步加深。从第七次人口普查的数据中我们还能推测出，今后 10 年人口老龄化问题还会加剧，需要计划生育政策不断调整，来缓解老龄化问题。

1. 小明同学家一周每天使用垃圾袋数量如下表。

时间	周日	周一	周二	周三	周四	周五	周六
数量 / 个	7	4	5	1	4	6	8

（1）请你将下面统计图填充完整。

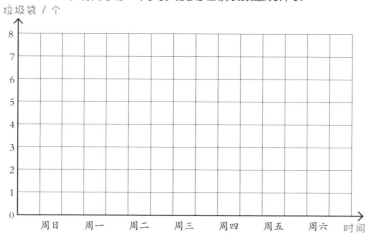

（2）算一算小明同学家平均每天使用多少个垃圾袋。

（3）根据统计图你想给小明同学家提出怎样的建议？

2. 2020 年，新型冠状肺炎病毒大爆发，这场人类危机到底将持续多长时间，到今天为止我们都无法预估，世界人民正在面对一场从未遇到过的全球性疫情考验……

2021 年 7 月 31 日部分国家疫情的最新数据统计

国家	当日新增病例 / 人	累计死亡 / 人	新增死亡 / 人
美国	5 万	62.9 万	236
印度	4.12 万	42.4 万	524
巴西	3.76 万	55.6 万	925
法国	2.35 万	11.19 万	43
中国	45	4634	0
全球	526734	423 万	8646

（1）从上面统计表中,你发现 7 月 31 日(   )当天新增新冠病毒感染者病例增加最多,

(   )最少。

（2）疫情暴发以来,累计死亡病例最多的是 (   ),第二多的是 (   ),最少的

是 (   )。

（3）同学们, 疫情改变着我们的生活习惯和方式, 也影响了大家的学习和出行,说一

说你学到了哪些防疫措施,对于疫情的防控又有哪些建议呢? (此题为开放讨论题)

3. 小明同学和爸爸一起骑车到离家 5 千米远的游乐场玩。下面是他们骑车的路程随时

间变化的折线统计图。

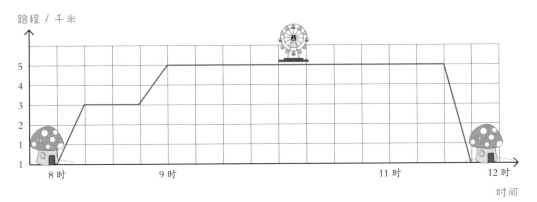

从折线统计图中可以看出：

（1）他们在游乐场玩了（　　）小时。

（2）如果他们去的时候中途不休息，（　　）分钟就可以到达游乐场。

（3）他们回家时用了（　　）分钟，骑车的速度是每小时（　　）千米。

4. 四年级（3）班身体最强壮的小强同学突然生病住院了，以下是他的体温记录情况：

小强体温情况统计图

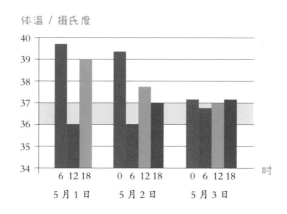

小强体温变化统计图

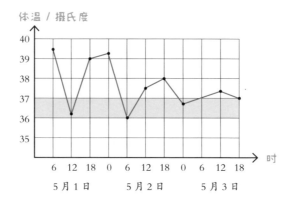

（1）请你选择一种能更直观地反映小强同学体温情况的统计图。

（2）根据统计图内容回答下列问题：

① 小强同学每隔（　　　）小时量一次体温。

② 小强同学的体温最高是（　　　）摄氏度，最低是（　　　）摄氏度。

③ 他在 5 月 2 日 12 时的体温是（　　　）摄氏度。

④ 猜想图中黄色部分表示什么？

⑤ 从体温变化来看，小强同学的病情正在逐渐（　　　）。

5. 学校对六年级学生的血型进行了统计，按 A 型、B 型、O 型、AB 型四个血型进行统计，并将统计结果绘制成如下两幅统计图，请你结合图中所给信息解答下列问题：

六年级学生血型统计图（一）　　　　　　六年级学生血型统计图（二）

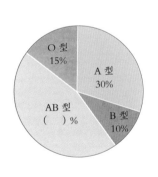

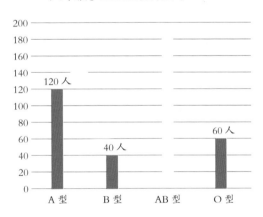

（1）求出 AB 型学生的人数占全体总人数的百分比是多少？

（2）求出扇形统计图中 B 型血型所在的扇形圆心角的度数是多少？

（3）根据统计图计算出六年级一共有多少人？ AB 型的学生有多少人？ 并绘制完成柱状统计图中 AB 血型的柱状图。

第七章

当天蓬元帅遇到数学题
—— 联想思维

自从唐僧收了孙悟空做徒弟，便拥有了美食家的日常生活。

给，李靖家的豆腐脑。

给，太上老君家的素面。

师父，你看我给你带什么好东西来了？

你……你怎么给我带烤猪来了？！阿弥陀佛……

这个……是我说的好东西……

这一幕……似曾相识……

唐僧收猪八戒为徒那天。

收你为徒可以，但我要先考考你。

这里有大小两筐桃，大筐里桃子的数量是总数的60%，如果从大筐取出20个放入小筐，则小筐里桃子的数量是总数的3/5，那么大小筐子里原来各有多少个桃？

×20

无所不能的大圣，救救俺老猪吧！

哎，不用猜也知道，又去找观音菩萨了。

来看看观音菩萨是怎么帮他们解题的吧。

大筐桃的数量是总数的 60%，可以联想到：小筐桃的数量是总数的 40%（1−60%=40%）；从大筐取出 20 个放入小筐，可以联想到大筐少了 20 个，小筐多了 20 个；小筐桃的数量是总数的 $\frac{3}{5}$，那么大筐桃的数量则是总数的 $\frac{2}{5}$。

1. 60% 40%

2. −20 +20

3. $\frac{2}{5}$ $\frac{3}{5}$

总数不变

根据前面的联想进行推算，两筐桃的总数没变，小筐桃数量从原来的占总数的 40% 变成占总数的 $\frac{3}{5}$，因此小筐桃数量比原来多占总数的 20%（$\frac{3}{5}$−40%=20%）。多出来的 20% 与多出的 20 个桃子相对应。因此两筐桃子总数为：20÷20%=100（个）

100×40%=40（个）

100−40=60（个）

我知道了！小筐桃有 40 个，大筐桃有 60 个。

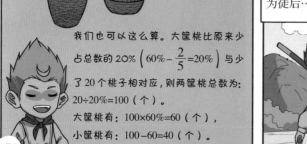

我们也可以这么算。大筐桃比原来少占总数的 20%（60%−$\frac{2}{5}$=20%）与少了 20 个桃子相对应，则两筐桃总数为：20÷20%=100（个）。
大筐桃有：100×60%=60（个），
小筐桃有：100−60=40（个）。

唐僧收下猪八戒为徒后……

鸡贼的猴子竟然坑我挑担，我一定要让师父再收个徒弟来替我挑！

✔ 联想思维

同学们，观音老师这次运用了超能的"联想思维"，帮助猪八戒算出了大小筐子里原来各有多少个桃子，猪八戒才顺利通过了唐僧的考核。

"联想思维"乍一听，这个名字不熟悉呀！让我们来举个例子吧。

看到"圆"这个字，你是不是也能联想到许许多多的世间万物呢？这其实就是联想思维啦！

联想思维即根据已知条件由一个事物想到了另一个事物，通过观察、分类、比较，去寻找事物的相关联系，寻求事物规律，从而找到解决问题的途径和方法。

在漫画中，观音老师通过联想，分析出了原题里每个条件的意义，而且还知道了原题引申的意义，出现了新的数量，从而找到了解题的方向。

这种联想思维，开阔了思路，使思维积极主动，为正确解题扫清了障碍。

联想思维很奇妙，跟类比思维有许多相似，但它比类比思维更加神奇，它不仅能开阔数学视野，更是提高我们创造思维的秘密武器哦。

学会运用联想思维，说不定未来的发明家就是你！

1. 楚王的鞋子。

古时候，楚王领兵和吴国打仗，兵败回国。楚王特意捡回一只自己在战斗中掉了的破鞋。随从问他："大王，您为什么连一只破鞋子也舍不得丢掉啊？"楚王感慨地说："它陪我一起出征，如果不能一起回去，我会很悲伤的。"

楚王捡回一只破鞋这件事像长了翅膀，飞进了楚国每一位将士的心中。从此，楚国人在战斗中即使打了败仗，将士之间也没有一个抛弃战友的。你知道这是为什么吗？

解析：楚王借鞋子比喻人，启发将士们顺着他的思路运用联想思维联想下去，将士们由楚王舍不得一只破鞋子，联想到自己，联想到受伤的同伴们，最后大家联想得出"生死相依，同舟共济"的结论。于是，楚王就这样靠一只破鞋成就了自己"仁德之君"的美誉。

2. 永乐大钟移悬之谜。

永乐大钟是我国现存最大的青铜钟。每年新年来临之际，永乐大钟就会被敲响，它已经勤勤恳恳地响了五百多年了。

同学们，你知道在没有吊车的清代，重 46.5 吨、高 6.75 米的大钟，是怎样从万寿寺搬迁并移悬到大钟寺的吗？

解析：原来古人从滑冰上得到了启发，并展开联想。

冬天，人们先从万寿寺到大钟寺每隔500米挖一口井，在大钟寺那里建一个冰土堆，而在土堆下面，事前已筑好了钟座。搬迁的时候工匠们沿路挖槽、放水、结冰，大钟就像滑冰一样被拖拉滑行至大钟寺的冰土堆上。等大钟就位后，才开始建钟楼，人们将大钟悬挂在建筑的大梁上之后，就等着春天的到来。

春天，冰土解冻，将大钟下面的土一点点地清理掉……就这样，46.5吨重的永乐大钟移悬到了今天的大钟寺。

永乐大钟移悬，正是联想思维帮助人们展开了驰骋万里的翅膀。

3. 要打多少场比赛？

闲不住的孙猴子喜欢上了乒乓球运动，于是发动猴山129名小猴举办乒乓球比赛。比赛规则为淘汰赛，每两名小猴一组，赢的进入下一轮比赛，输的则淘汰出局，最后决出冠军。这时，一只小猴问道：大王，我们到底要打多少场啊？

解析：

第1轮 $129 \div 2 = 64……1$，64场比赛，其中1人轮空，淘汰掉64人，剩余65人；

第2轮 $65 \div 2 = 32……1$，32场比赛，其中1人轮空，淘汰掉32人，剩余33人；

第3轮 $33 \div 2 = 16……1$，16场比赛，其中1人轮空，淘汰掉16人，剩余17人；

第4轮 $17 \div 2 = 8……1$，8场比赛，其中1人轮空，淘汰掉8人，剩余9人；

第5轮 $9 \div 2 = 4……1$，4场比赛，其中1人轮空，淘汰掉4人，剩余5人；

第6轮 $5 \div 2 = 2……1$，2场比赛，其中1人轮空，淘汰掉2人，剩余3人；

第7轮 $3 \div 2 = 1……1$，1场比赛，其中1人轮空，淘汰掉1人，剩余2人；

第8轮 $2 \div 2 = 1$，1场比赛，淘汰掉1人，胜出1个冠军。

一共要打 $64+32+16+8+4+2+1+1=128$ 场比赛。

虽然解法正确，但比较麻烦。我们可以用整体联想思维，在思考问题时，把问题看作一个整体，注意问题的整体结构，再从结构展开联想。

具体到这道题，整体思考后我们发现，比赛打到最后只有冠军 1 人，其余都被淘汰了，也就是要淘汰 128 人，而每比赛一场都是淘汰 1 人，所以要淘汰 128 人就要打 128 场比赛。

这样恰当地运用联想思维，可以更有效地解决数学难题，比运用一般方法解题就简捷多了哦。

4. 用联想思维试着计算出 1+2+3+…+100= ？

解析：这道题如果算式连加会很麻烦，而且极易出错。但若用联想思维把这道题联想成一个梯形的样子，即上底是 1，下底是 100，高也是 100 层的梯形。

用梯形面积公式：（上底 + 下底）× 高 ÷2

得出：（1+100）×100÷2=5050。

联想思维是数学中解决问题的一把特殊钥匙，在面对特别难的题目时，可以发散思维，试试用这种有趣的方式来解决哟！

? 题练思维

1. 下面应用题需要用减法计算：请你把问题补充完整（越多越好），并想想这些不同问题的本质是什么？

小鸡有 14 只，小鸭有 10 只，_____？

2. 数一数

（1）下图有多少条线段？如果线段有 10 个端点，有多少条线段呢？如果有 15 个端点，又有多少条线段呢？

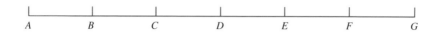

A　　　　B　　　　C　　　　D　　　　E　　　　F　　　　G

（2）下图有多少个角？

（3）下图有多少个三角形？

3. 用 3 个 0 和 4 个 6 组成一个 7 位数，组成的数要符合下面的要求：

（1）一个 0 也不读出来；

（2）读出一个 0；

（3）读出两个 0；

以上组合出的数不止一个答案，你要大胆地从多角度去思考哦。

（4）三个 0 都读出来的；

（5）最大的 7 位数；

（6）最小的 7 位数。

4. 如下图，正方形 *DEFG* 是一个一边过长方形 *ABCD* 的顶点，一个顶点与长方形顶点 *D* 重合的图形。已知正方形边长为 6 厘米，长方形的长是 8 厘米，你知道长方形的宽是多少厘米吗？

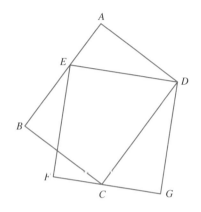

5. 鲜花朵朵幼儿园把一盒巧克力分给向日葵班和小雏菊班两个班的小朋友，每个小朋友可以分得 6 块。如果只分给向日葵班，每个小朋友可分得 18 块；如果只分给小雏菊班，每个小朋友可分得多少块巧克力？

分给向日葵班＋小雏菊班　　　　　只分给向日葵班　　　　　只分给小雏菊班

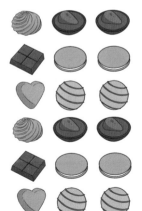

第八章

帮猪八戒吃西瓜
—— 逆向思维

唐僧师徒取经路过火焰山，还没遇到妖怪，就碰上了巨大难题——炎热。

师父，心什么时候能静？俺老猪要熟了……

心静自然凉，心静自然凉……

西瓜，西瓜……

啊啊啊！猴哥，救命啊！

师父，弥勒佛送给俺一个西瓜解暑。

OK!

猴哥……为什么不让俺吃？

你脑瓜里就只有吃的！这是弥勒佛送的瓜，他说了要出道题，回答对了的才能吃。

这瓜非我莫属！

变！变！变！

呆子，你前面有 5 个紫金红葫芦，每个葫芦里金丹的个数是一样多的。

从每个葫芦里取出 9 颗金丹，5 个葫芦剩下的金丹跟原来两个葫芦里的金丹总数一样多。你要是能说出每个葫芦里原来有多少颗金丹，西瓜就先让你吃！

× 9

猴哥，西瓜留好，俺老猪先去方便一下，马上回来！

二师兄这是要去哪儿？

搬救兵呗！就凭他，肯定不知道答案。

观音菩萨，请您大发慈悲救救俺吧！

八戒，这道题只需要三步便可得出答案。

$9 \times 5 = 45$

虽然不知道每个葫芦里还剩下多少颗金丹，但反过来，你知道一共取出了多少颗金丹。

45

已知5个葫芦里剩下的金丹跟原来两个葫芦的金丹数一样多，那么反过来看，就是取出来的金丹数和3个（5-2=3）葫芦里的金丹数一样多。即3个葫芦里原来一共有45颗金丹。

既然每个葫芦里的金丹数是一样多的，那么——

$45 \div 3 = 15$

每个葫芦里原有金丹数是15颗！

谢谢菩萨，俺老猪有西瓜吃了！都是俺的！哈哈哈……

但愿吧……

你……你们？！

15颗。

你太慢了。

你们一定是算计好的！哼！

瓜皮

✔ 逆向思维

同学们，你知道吗，逆向思维非常独特，它与其他思维方式相辅相成，也是创新思维不可缺少的。

什么是逆向思维呢？

逆向思维也叫求异思维，是对我们司空见惯的事物或观点反过来思考的一种思维方式，就是"反过来想一想"，从问题的相反角度进行探索，创立新思想、新形象。

你们一定都听过司马光砸缸的故事吧。

从前，有一个非常聪明的孩子叫司马光，一次他跟小伙伴们在后院里玩耍，有个小朋友看到假山，想要爬上去，却不慎失足掉进盛满水的大瓦缸里，别的孩子们一见出了事，有的吓跑了，有的慌忙去喊大人，只有司马光急中生智，从地上捡起一块大石头，使劲向水缸砸去，水涌出来，小孩得救了。

遇到这种情况，一般人想到的方法都是把人从缸里拉出来，让人离开水。可是凭几个孩子的力量是不够的，去叫大人又需要时间。在这千钧一发时刻，机智的司马光想到用石头砸破大瓦缸泄水的办法，让"水离开人"。

在这个故事中司马光就是用了逆向思维。

对于一些特殊的问题，从结论入手反推，或许会使问题更加简单化哦。

比如：悟空的金箍棒，第一次截去它的一半，第二次截去了剩下的一半多1米，最后还剩2米。问，悟空的金箍棒原来有多少米？

这道题如果用普通的思维方式是很难解答的。

解析：

遇到这种问题的时候，我们可以先根据题意画一张线段图。

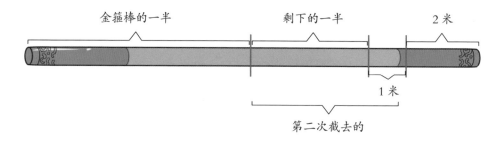

运用逆向思维，在"逆"字上动脑筋想办法。

利用线段图逆推很容易就找到了答案：最后剩下2米加上第二次截去了剩下的一半多的1米，刚好是第一次截去一半后剩下部分的一半，即3米（2+1=3）。由此可知第一次截去一半后剩下6米【（2+1）×2 = 6】，再逆向推下去可知整个金箍棒长12米【（2+1）×2×2 = 12】。

逆向思维不仅可以让问题变得简单化，有时甚至能创造出惊天动地的奇迹哦。

例如，我国历史上的"破釜沉舟"事件。想要打胜仗本来要具备良好的交通工具和后勤保障，项羽却选择逆向思维——砸锅、沉船，断掉自己的退路。

韩信的"背水列阵"，一反作战常规，同样是自己断掉自己的退路，士气大振，大获全胜。

孔明巧设"空城计"，一反"兵来将挡，水来土掩"的常规，以空城对敌，巧用"反弹琵琶"之计而获胜。

又例如吸尘器的发明者，从"吹"灰尘的机器得到启发，反向思考，运用真空负压原理，最终制成了吸尘器。

怎么样？同学们，逆向思维很有趣吧，接下来再一起感受一下它的独特之处吧！

1. 可以吃巧克力吗？

唐僧师徒几人正在观音庙里进修念经，猪八戒突然想吃巧克力，他问师父念经时可不可以吃巧克力。师父回答说"不行"。孙悟空也很想吃巧克力，但他换了一种问法，结果得到了师父的许可，你知道孙悟空是怎么问的吗？

解析：孙悟空是这样问师父的：在吃巧克力的时候可不可以念经文？

同样是吃巧克力和念经文，念经文时吃东西，是对观音菩萨的不尊重；

换个角度思考，吃东西时念诵经文，有一种时时刻刻都修行的感觉，师父当然没有反对的理由啦。

在这里，八戒用的是正向思维，悟空用的是逆向思维，同一件事情却收到了完全不同的结果，这就是逆向思维的妙处哦。

2. 牛魔王的牛。

牛魔王死后留了一些遗产——牛小弟，他在遗书中写道：妻子得全部牛的半数加半头；长子得剩下的牛的半数加半头，正好是妻子所得的一半；老二得还剩下的牛的半数加半头，正好是长子的一半；老三分得最后剩下的半数加半头，正好等于老二所得牛的一半。结果一头牛小弟也不用死，也没有被剩下，问牛魔王总共留下了多少头牛小弟。

解析：解答这道题，如果用我们之前学过的假设思维，先假设一些情况，例如假设共有20头牛，共有30头……，然后再对它们逐一验证和排除，这样做非常复杂烦琐，要费很多的时间和精力，虽然也能试出结果，却是一个较笨的方法。

我们用逆向思维，从最后的结果一次一次向前倒着推：

老三：得到的是最后剩下的牛的"半数"再加"半头"，结果1头都没杀，也没有剩下，于是倒过来推断出：① 再加"半头"也就是再加上0.5头；② 老三分得最后剩下的半数也就是0.5头；③ 老三分到的牛是1头，即 0.5+0.5 = 1（头）。

老二：老三得到的牛是老二的一半，倒过来推出老二得到的牛就是老三的2倍，即 1×2 = 2（头）。

老大：老二得到的牛是老大的一半，倒过来推出老大得到的牛就是老二的2倍，即 2×2 = 4（头）。

妻子：老大得到的牛是妻子的一半，倒过来推出妻子得到的牛就是老大的2倍，即 4×2 = 8（头）。

将4个人得到的牛小弟的数量相加：1+2+4+8=15（头）。所以牛魔王留下的牛小弟是15头。

3. 池塘的浮萍。

池塘的水面上生长着许多浮萍，浮萍所占面积每天增加一倍，20天后池塘全部长满了浮萍。请问经过多少天池塘中的浮萍的面积为水面面积的一半？为什么？

解析：利用逆向思维倒着推，已知经过20天池塘将会全部长满浮萍，而浮萍所占面积每天都增加一倍。所以在第20天时，浮萍所占的面积是前一天的2倍，那么第19天时池塘中的浮萍的面积为水面面积的一半。

4. 巧取金环。

白骨精开店当老板，对工人非常苛刻。一天，白骨精对工人说："给我做一条七个串连在一起的，没有缝隙的金环。条件是，干一个月就可以从这串金环里拿走一个环，必须干七个月，并且这些金环上只能用斧子剁开一条缝。"

孙悟空听说了这件事，化装成工人去白骨精的店里打工。

白骨精的小九九：剁开一条缝，你只能拿走一个金环，剩下的六个都归我，你得乖乖地给我白干六个月活。

孙悟空在干完 1 个月后，在一个金环上剁开一条缝，拿走了一个金环；2 个月后，他设法拿到了两个金环；3 个月后，他设法拿到了三个金环；4 个月后，他设法拿走了四个金环；5 个月后，设法拿到了五个金环；6 个月后，设法拿到了六个金环；7 个月后，他拿到了全部的金环。

白骨精气得要死，可是又无可奈何。你知道孙悟空是从第几个金环上剁开一条缝取走全部金环的吗？

解析：首先我们用逆向思维转换问题，原题变为：

① 七个金环连在一起，只准断开 1 个，链子变成三段；

② 七个金环若分成三段，各段金环数目为：1、1、5 或 1、2、4 或 1、3、3；

③ 每月取走 1 个，那么应该如何断开链子？

④ 孙悟空要取走金环，可不可以还回来呢？原题中没有说明，应该可以还回来的。根据转换后的问题思考"从链子的第几个环断开，使它分成三个部分，这三个部分的环数分别是1个、2个、4个呢"，画出图形很容易就知道了答案：应从链子的第三个环断开（如下图）。

这样，孙悟空第1个月取走单环；第2个月退回单环，取走双环；第3个月，再取一只单环；第4个月退回单环和双环，取走一串四环；第5个月，再取一只单环；第6个月，退回单环，取走双环；第7个月再取走那个单环。最后，金链上的所有七个环都到了孙悟空的手里。

？ 题练思维

1. 熊爸爸在木桩上放了一个盘子，盘子里有四个大梨，让三个熊儿子用最少的箭射落全部梨子。熊大比划了一下，说："我要用三支箭。"熊二一听，急忙说："那我只要两支箭就可以。"熊三先想了一下，说："我觉得一支就足够了。"熊爸爸听后很高兴，夸奖熊三聪明，叫熊大和熊二学习熊三。熊大与熊二听了不服气，认为熊三在吹牛。于是熊三一箭射出，四个梨全都落地。你知道他是怎样射落全部梨的吗？

2. A、B两个杯子里的饮料一共是800毫升，把A杯里的饮料分给B杯60毫升之后，两个杯子里面的饮料一样多。问：在将A杯的饮料分给B杯之前，两个杯子里分别有多少毫升的饮料？

3. 一个数加上 9，乘以 9，减去 9，除以 9，结果还是 9，这个数是多少？

4. 让 100 个小朋友站成一排，从 1 开始报数，凡是报奇数的小朋友就将离开队伍，留下的再从 1 开始重新报数，同样报奇数的小朋友离开队伍。照着这样反复下去，直到最后留下一个小朋友，问这个小朋友第一轮报数时是多少数？

5. 有四个相同的瓶子，怎样摆放才能使其中任意两个瓶口的距离都相等呢？ （可以用纸剪出四个瓶子摆摆看）

第九章

到底打死了多少个妖怪
—— 数形结合思维

悟空，我就知道你会来救我。

加油呦。

猴哥，送我个人头吧！

要不起，过。

王炸！

猴哥，俺最佩服你了，不过到底还要打多少妖怪才能到西天啊？

我记得以头算有 20 个，以腿算有 52 条。

沙师弟，你知道到底要打多少 2 条腿的，多少 4 条腿的妖怪吗？

不知道。

师父，你知道答案吗？

咳咳，这个难题为师相信你们能想明白的，好了，为师要打坐念经了。

菩萨好。

我早就算到你俩要来。看，这里有 20 个妖怪头，如果每个妖怪 2 条腿，一共是多少条呢？

简单，当然是 40 条腿。

那还差多少条腿呢？

12 条

你们将剩下的 12 条腿，以每 2 条腿增加到 1 个头下。增加完毕答案自然就出来了。

算出来了！

同学们，观音老师在帮助猪八戒和沙和尚计算 2 条腿和 4 条腿的妖怪个数的时候，就运用了数形结合的思维方式。数形结合这个新朋友，很可爱哦。它既是一个重要的数学思想，又是一种常用的数学方法。

观音老师把题目中的妖怪头的个数和腿的条数，根据数与形对照，画出了具体形象图形，让"数"变成"形"。在"数"与"形"相互转换、相互渗透的过程中，开拓我们的解题思路，使抽象枯燥的数学知识形象化、具体化，让数学学习充满乐趣，"学"数学变成"玩"数学！

再来给大家举个例子，三年级（2）班所有同学每人至少参加一项兴趣小组，有 36 人参加了美术组，有 27 人参加了合唱组，有 11 人两个小组都参加了，你能算出（2）班一共有多少名同学吗？

解析：我们试着把题目中的数量转化成用图形来表示，如下图：

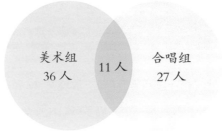

从图上可以非常直观地看出两个圆相交的部分，就是两个兴趣小组都参加了的 11 人。这样我们从图上很容易就可以知道全班人数是：

36+27-11 ＝ 52（人）

大家是不是已经对数形结合的思维方式有了大概了解啦？这种思维方式不仅大大简化了解题过程，还可以让我们脑洞大开呢。

1. 花店最近新进了一批鲜花：康乃馨57枝，玫瑰花47枝，百合花67枝。如果用7枝康乃馨、5枝玫瑰花、8枝百合花扎成一束，最多可以扎几束？

康乃馨57枝　　玫瑰花47枝　　百合花67枝　　　　花束

解析： 此题的关键是要读懂每把花束的鲜花组成数量，把题目数据转化成图形更直观。通过上图我们可以很容易看出答案是 8 束。

如果用列式计算，即 57÷7=8（束）……1（枝），47÷5=9（束）……2（枝），67÷8=8（束）……3（枝），选择最小的数 8，即最多可以扎 8 束这样的花束。

2. 书架上摆着故事书和科普书，两种书共有 57 本，故事书比科普书多 11 本。请问两种书各有多少本？

解析：

方法一：

从上图分析可知：总数 57 本减去故事书比科普书多的 11 本，两种书的数量就同样多了。科普书：（57-11）÷2=23（本），故事书：23+11=34（本）。

方法二：

从上图分析可知：科普书的数量加上 11 本就和故事书一样多，这时两种书的总数就变成 57+11=68（本），科普书：（57+11）÷2=34（本），故事书：34-11=23（本）。

3. 计算 $\frac{1}{2} + \frac{1}{4} + \frac{1}{8} + \frac{1}{16} + \frac{1}{32} = ?$

解析： 对于这道题，我们一般是采用转化思维用通分的方法计算，但是比较复杂，计算起来也很麻烦。

如果我们用数形结合的思维，可以用几何直观图形表示，构造一个面积是 1 的正方形，如下图所示：

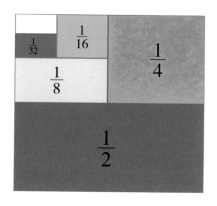

先取它的 $\frac{1}{2}$，再取它的 $\frac{1}{4}$，以此类推……当取到 $\frac{1}{32}$ 时，正方形中就还有 $\frac{1}{32}$ 空白。我们非常直观地看出了答案，这个正方形只剩下 $\frac{1}{32}$，用数形结合思维将题目中的加法算式变成减法算式，即 $1 - \frac{1}{32}$，答案就是 $\frac{31}{32}$。

通过画图，我们使数量关系和空间形式巧妙地结合起来了，想一想，我们还可以怎样画图来计算这道题呢？你可以试着用画线段图的方法来计算哦！

4. 噪声对人体健康有害，植树造林可以降低噪声。如下图所示，孙悟空听到的声音是多少分贝呢？

噪声降低了 $\frac{2}{9}$

解析：我们将原题的数据画成线段图，如下：

方法一：

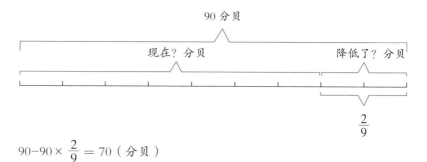

$$90-90\times \frac{2}{9}=70（分贝）$$

这一种算法实际就是先求 90 的 $\frac{2}{9}$ 是多少，得出噪声降低 20 分贝，再用

90 分贝减去刚刚求出来的 20 分贝，得出孙悟空现在听到的声音是 70 分贝。

方法二：

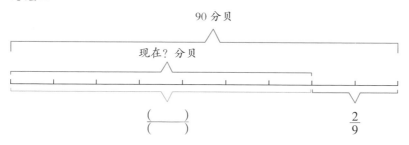

$$\left(1-\frac{2}{9}\right) \times 90 = 70 \text{（分贝）}$$

这一种算法是先算出孙悟空听到的声音占总共的几分之几，所以，把 90 看成单位 1，用 1 减去 $\frac{2}{9}$ 等于 $\frac{7}{9}$，然后再用 $\frac{7}{9}$ 乘以 90，就算出孙悟空现在听到的声音是 70 分贝。

？ 题练思维

1. 如果 10 根香蕉的重量等于 5 个橘子的重量。那么一个橘子比一根香蕉重百分之几？

2. 有两个数 A 和 B，如果 B 增加 20，A 的大小不变，积增加 120；如果 B 不变，A 增加 12，积增加 240。

你知道这两个数原来积是多少吗？

3. 不做计算，你能知道 52×63 和 53×62，到底谁的积大吗？

4. 参加非洲鼓兴趣班的共有 80 人，其中女生占 60%，后来又有一批女生加入，这时女生占总人数的 $\frac{2}{3}$，问后来又加入了多少名女生？

5. 由于国庆活动需要，学校组织同学们制作底为 12 分米，高为 6 分米的直角三角形的红色旗子，现在有一块长 72 分米，宽 30 分米的红布，最多可以做这样的红色旗子多少面？如果旗子的形状变成底为 11 分米，高为 6 分米的直角三角形，这块布又能做出多少面旗子呢？说说看你发现了什么？

第十章

智取红孩儿

—— 归纳思维

好侄儿，奶牙都没换，还是乖乖回家吃奶吧！

哈哈哈，你长高点儿再学别人绑架吧。

红

哈哈哈，你这红肚兜挺可爱的。

救命~救命~

啊啊啊啊

哈哈哈……中了我的三昧真火，就算是个石猴也能烤个嘎嘣脆。

火云洞

啊咔!!

噼里啪啦

红孩儿太厉害了，师父这次肯定没救了，咱们分分行李，各回各家吧。

徒儿们，为师就知道你们会来救我，既然来了就别藏着躲着啦！

唉，我想法子拖住红孩儿，你赶紧去请观音菩萨来帮忙。

1
2　　2
3　4　3
4　7　7　4
5　11　14　11　5
?　16　25　25　16　6
?　?　?　?　?　?　?

我不聪明怎么能打败你们？

打败我们不是本事，你要算出这道题才是真聪明。

只要你知道问号处填什么数，你就有吃唐僧肉的资质。

哼！这种小儿科难不倒我！

小娃娃就是小娃娃，还嫩得很。

啊啊!!!!

观音菩萨和猪八戒赶到时，红孩儿还沉浸在题目中无法自拔。

红孩儿，跟我一起上山修行吧！

哗

想要收我为徒？除非你能解开这道题，我才不要笨蛋做我师父！

这有何难。

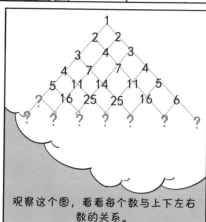

1
2 2
3 4 3
4 7 7 4
5 11 14 11 5
? 16 25 25 16 6
? ? ? ? ? ? ?

观察这个图，看看每个数与上下左右数的关系。

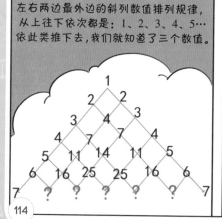

左右两边最外边的斜列数值排列规律，从上往下依次都是：1、2、3、4、5…依此类推下去，我们就知道了三个数值。

1
2 2
3 4 3
4 7 7 4
5 11 14 11 5
6 16 25 25 16 6
7 ? ? ? ? ? 7

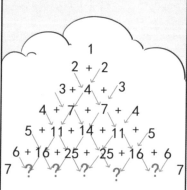

再来看看上下左右数之间的关系。

1
2 + 2
3 + 4 + 3
4 + 7 + 7 + 4
5 + 11 + 14 + 11 + 5
6 + 16 + 25 + 25 + 16 + 6
7 ? ? ? ? ? 7

没错。每个横排相邻两个数值相加就得到下一横排的数值。

　　同学们，在漫画中，观音老师解决问题时运用的就是我们这章要介绍的归纳思维。

　　归纳思维就是根据自己已掌握的知识、已有的经验，在观察多组数据后，进行有规律的对比，找出共同点，然后根据主观判断总结出结论的方法。

归纳思维其实是我们每个人经常会用的思维方式呢。

比如在我们买葡萄的时候就会用归纳法，先挑一挑，尝一尝，如果很甜，就归纳推

理出所有的葡萄都是甜的，然后就放心地买上一大串。

再例如，$18÷6=3 → 6÷2=3 → 12÷4=3 → 24÷8=3 → 36÷12=3……$观察这些算式，把后面的几个算式与第一个算式相比较发现：后面的几个算式在第一个算式的基础上，被除数和除数都同时扩大或者缩小了相同的倍数。

我们从这些特殊的算式中归纳出了整数除法的运算规律——被除数和除数同时扩大或者缩小了相同的倍数，商不变。从已有的正确判断推出了新的判断哦，真了不起！

同学们，你们听说过著名的哥德巴赫猜想吗？

"任何一个大于2的偶数，都是两个质数（大于1的整数，除了它本身和1以外，不能被其他正整数所整除的，称为质数，如2，3，5，7，11…）之和。"

这就是著名的哥德巴赫猜想之一。

但是哥德巴赫自己无法证明，于是就写信请教赫赫有名的大数学家欧拉帮忙证明。欧拉表示相信哥德巴赫提出的猜想是对的，但是一直到去世，欧拉也没有完成证明。

这个"数学上的皇冠"，许多年来像磁石一样吸引着全世界众多优秀的数学家以及数学爱好者。我国数学家陈景润证明了"1+2"，取得了目前为止世界上研究哥德巴赫第一个猜想的最好成果。但迄今为止，还没有人证明出"1+1"。

那你们知道哥德巴赫这个伟大的猜想是怎么提出来的吗？

解析：他依靠的就是归纳思维哦，具体过程如下：

$4=1+3$（两质数之和）；$6=3+3$（两质数之和）；$8=3+5$（两质数之和）；

$10=5+5$（两质数之和）；$12=5+7$（两质数之和）；$14=7+7$（两质数之和）……

所以，任何大于2的偶数都是两质数之和。

哈，伟大的哥德巴赫猜想就这么诞生了！

我们在生活中往往会自发地运用到归纳思维，留心观察你们的日常生活，去体验这种简单奇妙的思维方法吧！

1. 根据下面前 3 幅图的变化规律，在第 4 幅图中画出涂色部分。

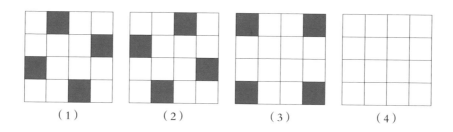

（1）　　　　　　（2）　　　　　　（3）　　　　　　（4）

解析：通过观察分析，归纳出变化的规律是完成此题的关键。

把第 1 幅图的涂色部分都按顺时针方向旋转一格，得到第 2 幅图；

把第 2 幅图中的涂色部分再按顺时针方向旋转一格，得到第 3 幅图。

由此归纳推断出，将第 3 幅图中的涂色部分也按顺时针方向旋转一格，即可得到第 4 幅图（如下图）。

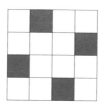

2. 想一想，方框内应该画多少颗小五角星呢？

（1）　　　　（2）　　　　　（3）　　　　　　（4）

解析：观察发现，图（1）的五角星是 4 颗（2×2=4）；

图（2）的五角星是 9 颗（3×3=9）；

图（3）的五角星是 16 颗（4×4=16）。

根据前面的规律，归纳推出，图（4）的五角星是 5×5=25（颗）。如下图：

3. 把蓝红两种颜色的正六边形地砖按下面的规律拼成若干个图案：

（1）　　　　　　（2）　　　　　　　　（3）

你知道接下去第 4 个图案是多少个蓝色正六边形吗？

第 n 个图案又是多少个蓝色正六边形呢？

解析：第 1 个图案是 6 个蓝色正六边形，第 2 个是 6+4 个，第 3 个是 6+2×4 个。

于是推出第 4 个是 6+3×4 个。

当你画出第 4 个图案时，仔细观察分析发现，这四个图案的蓝色正六边形砖块数可以依次是 1×4+2，2×4+2，3×4+2，4×4+2，进一步观察发现，它们一个比一个多 4。

由此可以推测出后面的图案中蓝色正六边形砖块数是 5×4+2，6×4+2，……，n×4+2。

4. 如下图所示，将多边形分割成三角形。图（1）中可分割出 2 个三角形；图（2）中可分割出 3 个三角形；图（3）中可分割出 4 个三角形。

问题一：请你以此推测，n 边形可以分割出 _____ 个三角形。

问题二：一个多边形，从它的某一个顶点出发，分别与其余各顶点连接，可分割出 18 个三角形，那么这个多边形是 _____ 边形。

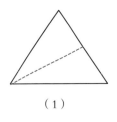
（1）

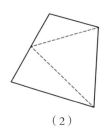
（2）

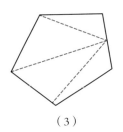
（3）

解析：

问题一：观察图（1）中的三角形有三条边，可分割出 2 个三角形，即分成了 3-1=2 个；

图（2）是四边形分割出了 3 个三角形，即 4-1=3 个；

图（3）是五边形分割出 4 个三角形，即 5-1=4 个；

由此归纳推测出，n 边形可以分割出 $n-1$ 个三角形。

问题二：根据问题，我们可以画出下图：

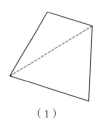
（1）

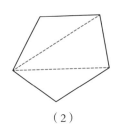
（2）

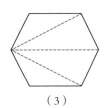
（3）

图（1）四边形从它的某一个顶点出发，分别与其余各顶点连接，能分割出 2 个三角形，即分成了 4-2=2 个；

图（2）五边形从它的某一个顶点出发，分别与其余各顶点连接，能分割出 3 个三角形，即分成了 5-2=3 个；

图（3）六边形从它的某一个顶点出发，分别与其余各顶点连接，能分割出 4 个三角形，即分成了 6-2=4 个。

由此归纳推测出，n 边形从它的某一个顶点出发，能分割出 $n-2$ 个三角形。

所以如果一个多边形可分割出 18 个三角形，那么这个多边形是 20 边形。

？ 题练思维

1. 下图是按照一定规律排列起来的，请按这一规律在空白处画出适当的图形。

2. 八戒本来正津津有味地按下表所示的顺序做数字填空游戏，突然悟空问："八戒，你知道 1600 应写到第几列吗？ 1999 又是第几列呢？"

八戒结巴半天："俺……俺……"答不出来。

聪明的同学们请你来帮帮可怜的八戒吧！

①	②	③	④	⑤
1	2	3	4	5
9	8	7	6	
	10	11	12	13
17	16	15	14	
	18	19	20	21
25	24	23	22	
	26	27	28	29
33	32	31	30	
	34	...		

3. 观察下面的一组算式，试试看你能发现什么规律？

13+31=　　　24+42=　　　32+23=　　　34+43=

46+64=　　　57+75=　　　38+83=　　　49+94=

4. 下图是由一些火柴棒搭成的图案。

　　　　　　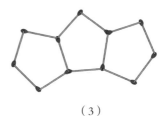

（1）　　　　　　（2）　　　　　　　（3）

按照这种方式摆下去，摆第 n 个图案用多少根火柴棒？

计算一下摆 121 根火柴棒时，是第几个图案？

5. 如下图，把棱长是 4 厘米的大正方体表面涂成红色，然后切成棱长是 1 厘米的小正方体，一共得到多少个小正方体？三面涂色的小正方体有多少个？两面涂色的小正方体有多少个？只有一面涂色的小正方体有多少个？各面都没有涂色的小正方体有多少个？

如果把棱长是 n 厘米的大正方体表面涂成红色，然后切成棱长是 1 厘米的小正方体，得到的小正方体的各种情况又如何呢？

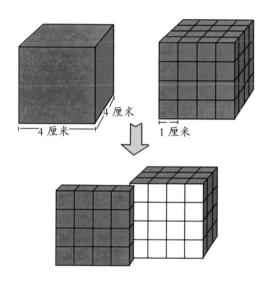

答 案

第一章

⭐ 这时小兔停在起点的前面，距离起点 1 格。

解析：运用四则运算减法，对应位移和方位知识，根据题意画出小兔每次跳格停的对应格子，具体解题思路如下图：

第二次停
起点
第四次停
第一次停
第三次停

① 小兔前跳 3 格，后跳 4 格，此时在起点后面：4−3=1（格）；

② 小兔又向前跳 8 格，此时在起点前面：8−1=7（格）；

③ 最后小兔又向后跳 6 格，此时在起点前面：7−6=1（格）。

⭐ 小羊的回答是错误的。

解析：这个题是生活中的数学哦，1 根甘蔗对应着 2 个头，半根甘蔗同样也有 2 个头。

所以在计算甘蔗头数的时候不能离开生活，而只做简单的计算。6 根半甘蔗也就是 7 根甘蔗（只是其中一根短些而已哦），有 14 个头（$7 \times 2 = 14$）。

⓷

答案：黄气球 18 个，红气球 11 个，蓝气球 12 个。

解析：根据题意，列出下表的对应关系：

① 蓝气球 + 红气球 =23（个）；

② 蓝气球 + 黄气球 =30（个）；

③ 黄气球 + 红气球 =29（个）。

将① + ② + ③，即 23+30+29=82（个），在这 82 个里面包含了 2 倍红气球、2 倍蓝气球、2 倍黄气球的个数，由此可以知道红气球、蓝气球、黄气球的总个数是 82÷2=41。然后根据蓝气球和红气球共 23 个，可以求出黄气球的个数是 41−23=18，用同样方法求出红气球的个数是 41−30=11，蓝气球的个数是 41−29=12。

⓸

答案：39

解析：根据题意画出对应的图示。

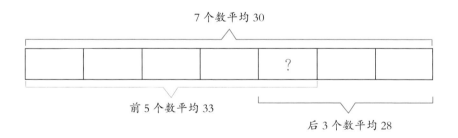

计算 7 个数的和：30×7=210

看图，可知算式 33×5=165，28×3=84，它们把第五个数多计算了一次，变成了 8 个数，用这 8 个数的和减去 7 个数的和，多出的数就是第五个数。

综合算式：33×5+28×3−30×7 = 165+84−210=39

5

答案：60分钟；10.5千米。

解析：看图，要先分别找出王老师到达书店、离开书店以及回来对应着的时刻，然后分别计算出到达书店、在书店购书和返回来用的时间。

王老师8：40到达书店，9：40离开，在书店共用了9：40-8：40=60（分钟）；

王老师去新华书店用了 8：40-8：00=40（分钟），从新华书店回来用了10：20-9：40=40（分钟）；

往返一共用了40+40=80（分钟），转化为小时，即 $80 \div 60 = \frac{4}{3}$（小时）；

则王老师往返书店的平均速度为：$7 \times 2 \div \frac{4}{3} = \frac{21}{2} = 10.5$（千米／小时）。

第二章

⭐**1**

答案： 沙僧只需要站在前方的任意一条路上，面向绿毛、红毛俩小妖中的任意一个小妖说："如果我问他（指另一个小妖）这条路是否通向普陀山，他会怎么回答？"如果小妖摇头的话，说明这条路就是通向普陀山的；如果小妖点头，说明是通向花果山的。

解析： 沙僧运用假设思维设置的一个问题——"如果我问他（绿毛、红毛中任意一个小妖）这条路是否通向普陀山，他会怎么回答？"假设这条路是通向普陀山的，并且回答问题的是说真话的绿毛，那么他知道说假话的红毛肯定会摇头，所以绿毛也用摇头来回答沙僧的问题。假设这条路是通向普陀山的，而回答问题的是说假话的红毛，那么他知道说真话的绿毛肯定会点头，所以红毛依然会用摇头来回答沙僧的问题。

假设这条路不是通向普陀山的，绿毛知道说假话的红毛肯定会点头，所以绿毛也用点头来回答沙僧的问题；而红毛知道说真话的绿毛肯定会摇头，所以红毛也用点头来回答沙僧的问题。

⭐**2**

答案： 打碎了 35 个。

解析： ①假设这些花盆都没有破→八戒应该得到 4000 元（2000×2=4000）的运费；②八戒少得运费 245 元（4000−3755=245）→运送过程中打碎了花盆；③"如果打碎 1 个，不给运费，还要赔偿 5 元"→打碎一个花盆，会少得：2（运费）+5（赔偿）=7（元）；④打碎花盆：245÷7=35（个）。

③

答案：做对 21 道，做错 1 道，有 2 道没做。

解析：$82 \div 4 = 20$ 余 2，说明小笨狼至少做对了 21 道，因为如果他只做对 20 道的话最多得 80 分。

假设他做对 22 道，其他全做错，应得 84 分（$22 \times 4 - 2 \times 2 = 84$），大于 82 分。所以他只能做对 21 道，$21 \times 4 = 84$，得了 84 分，而实际上得了 82 分，所以还得做错一道，既然剩下 3 道，错了 1 道，那么有 2 道没做。

④

答案：如果分段买，1 元钱可以买近 2 斤葱。

解析：假设一共有 20 斤大葱，包括葱白和葱叶，所有的大葱是一模一样的。再假设一根大葱重一斤，葱白 0.8 斤，葱叶 0.2 斤，如果大葱 1 元一斤的话，所有的大葱可以卖 20 元，如果分开卖的话，每根葱白可以卖 0.64 元（$0.8 \times 0.8 = 0.64$），每根葱叶卖 0.04 元（$0.2 \times 0.2 = 0.04$），这是一斤大葱分开卖的结果，20 斤大葱分开卖的话所得的钱数是 13.6 元（$0.64 \times 20 + 0.04 \times 20 = 12.8 + 0.8 = 13.6$），小于 20 元，由此推理，这样分开卖，八戒是肯定要赔钱的。

⑤

答案：第一块布长 53 米，第二块布长 40 米。

解析：①假设第一块布比第二块布就只长 $\frac{1}{5}$，而不多 5 米，第二块布是单位 1 → 所以第一块布是 $\left(1 + \frac{1}{5}\right)$；②从两块画布总长 93 米中减去 5 米 → 所得的差与两块布的倍数和 $\left(1 + 1 + \frac{1}{5}\right)$ 是直接对应关系。列式计算如下：

第二块布长：$(93-5) \div \left(1 + 1 + \frac{1}{5}\right) = 88 \div \frac{11}{5} = 40$（米）

第一块布长：$93 - 40 = 53$（米）或者 $40 \times \left(1 + \frac{1}{5}\right) + 5 = 53$（米）

第三章

①

答案：C

解析：水果有很多种，如桃、梨、香蕉、苹果都是水果，苹果是水果的一种，它们的关系是一般和特殊的关系。

A."香梨·雪梨"，都是梨的一种，是特殊和特殊的关系。

B."树木·树枝"，树枝是树木上的一部分，它们是整体与部分的关系。

C."家具 桌子"，家具有很多种，椅子、床、柜子、桌子都是家具，它们是一般和特殊的关系。

D."天山·高山"，天山是高山中的一座，它们是特殊与一般的关系。

通过类比，排除 A、B、D，选择与一般和特殊的关系一致的 C。

②

答案：A 组括号里依次是 7、16、19。

解析：观察分析题目中的 1 怎么变成 4，10 怎么变成 13 的？

1+3=4；10+3=13。

找到规律：前面的数加上 3 等于后面的数，也就是除 1 以外，每个数都比它前面的数多 3。照此规律类比推出：4+3=7，13+3=16，16+3=19，所以括号里依次填 7、16、19。

答案：B 组括号里依次是 23、25、29。

解析：观察分析 11 怎么变成 13 的，13 怎么变成 17 的，17 怎么变成 19 的？

11+2=13；13+4=17；17+2=19；

找到规律：第一个数 +2 变成第二个数，第二个数 +4 变成第三个数，第

三个数 +2 变成第四个数，第四个数 +4 变成第五个数，第五个数 +2 变成第六个数，第六个数 +4 变成第七个数……

奇数位置的数 +2 变成偶数位置的数，偶数位置的数 +4 变成奇数位置的数。所以括号里依次填 23、25、29。

❸

答案：

（1）：A

解析：题中的正六边形从左到右依次变大，其他没有变化，所以答案选 A。

（2）：D

解析：这个题目中的图形变化是组合的，观察第二图，与第一图相比较直线没有移动，弧线旋转了 90°，照此类推下去，第三图是直线移动了 90° 方向，弧线仍在旋转，到此我们发现弧线是按逆时针每次 90° 旋转的。所以第四图直线不移动，弧线继续按逆时针 90° 旋转。所以答案是 D。

❹

答案：

（1）

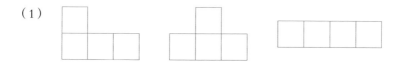

（2）运用类比的方法，把正方形类比成正方体，用拼接正方形的方法用来拼接正方体。

同学们，除了以下答案，你们还能想到更多的拼接方法吗？

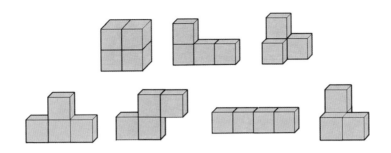

5

答案：上山 9 千米，下山 10 千米

解析：①已知两种事物的单位值：上山速度为每小时 3 千米；下山速度为每小时 5 千米。

②已知这两种不同事物的总个数：上午 8 时到下午 2 时，除去山顶休息的 1 小时即 5 小时，全程 19 千米。

③问题是求这两种不同事物的个数：上山和下山的路程各是多少千米。

通过上面的分析，我们发现这道题与上一章中"猪八戒的游戏币"是同类的，只是一个变化题型而已。上山速度为每小时 3 千米，下山速度为每小时 5 千米，分别相当于 5 元和 10 元面值的游戏币；全程 5 小时，19 千米，相当于枚数和总金额。

于是类比推出这道题的解法如下——

假设 5 小时都是上山时间，则总路程为 15 千米（3×5=15），比实际的 19 千米少了 4 千米（19−15=4），原因是把下山时间也当作了上山时间，则下山时间为：4÷（5−3）=2（小时）。从而可以推出下山路程是 10 千米（5×2 = 10），上山路程是 9 千米（19−10 = 9）。

同学们也可以试试假设 5 小时都是下山时间来推出答案。

第四章

1

答案：3333324

解析：首先，利用转化思维根据数字特点进行拆分，使数字变成整十整百一类的整数，计算就会更简单：

把 29 看作 30−1

把 299 看作 300−1

把 2999 看作 3000−1

把 29999 看作 30000−1

把 299999 看作 300000−1

把 2999999 看作 3000000−1

然后进行如下运算：

29+299+2999+29999+299999+2999999

=（30−1）+（300−1）+（3000−1）+（30000−1）+（300000−1）+（3000000−1），

=30+300+3000+30000+300000+3000000−6，

=3333330−6，

=3333324

2

答案：800 米。

解析：如果没有头绪，我们可以倒着推。想知道小狗一共跑了多少米，就必须知道小狗跑的速度（已知）和时间（未知）。那么，怎么求小狗跑的时间呢？利用转化思维想，其实小狗跑的时间就是爸爸和儿子相距20米的时间。

爸爸和儿子走的路程是280米（300-20＝280），速度是每分钟70米（40+30＝70），则时间是4分钟（280÷70＝4），小狗一共跑了800米（200×4＝800）。

3

答案：$\dfrac{511}{512}$

解析：这道题是一个异分母加法，而且有很多个数，如果用通分来计算很麻烦，我们用转化思维，认真观察、分析数据之间的内在联系，发现：

$$\dfrac{1}{2}=1-\dfrac{1}{2};\ \dfrac{1}{4}=\dfrac{1}{2}-\dfrac{1}{4};\ \dfrac{1}{8}=\dfrac{1}{4}-\dfrac{1}{8};\ \dfrac{1}{16}=\dfrac{1}{8}-\dfrac{1}{16};$$

$$\dfrac{1}{32}=\dfrac{1}{16}-\dfrac{1}{32};\ \cdots;\ \dfrac{1}{512}=\dfrac{1}{256}-\dfrac{1}{512}$$

把原题转化为 $\left(1-\dfrac{1}{2}\right)+\left(\dfrac{1}{2}-\dfrac{1}{4}\right)+\left(\dfrac{1}{4}-\dfrac{1}{8}\right)+\left(\dfrac{1}{8}-\dfrac{1}{16}\right)+\left(\dfrac{1}{16}-\dfrac{1}{32}\right)+\cdots+$

$\left(\dfrac{1}{256}-\dfrac{1}{512}\right)$，去掉括号后发现，除去第一个数和最后一个数，其他的数都没有了，即：

$$1-\dfrac{1}{2}+\dfrac{1}{2}-\dfrac{1}{4}+\dfrac{1}{4}-\dfrac{1}{8}+\dfrac{1}{8}-\dfrac{1}{16}+\dfrac{1}{16}-\dfrac{1}{32}+\cdots+\dfrac{1}{256}-\dfrac{1}{512}=1-\dfrac{1}{512}=\dfrac{511}{512}$$

4

答案：300立方厘米。

解析：橙子是不规则物体，我们用转化思维，把不规则的橙子转化成规则的物体来计算。

把橙子放入水缸中，因为橙子占了玻璃缸中水的空间位置，玻璃缸里的水被挤压，水面就往上升高，上升部分的水的体积就等于橙子的体积。

上升部分水的体积 = 放入橙子后水的体积 − 没有放橙子的水的体积。

即：$15 \times 20 \times （11-10） = 300 \times 1 = 300$（立方厘米）

⑤

答案：$\dfrac{2997}{2996}$

解析：根据题目可知，这是有关差、减数、被减数的关系的计算。如图：

$$\underbrace{\dfrac{2995}{2996} \times 2997}_{差} = \underbrace{2997}_{被减数} - \underbrace{\square}_{减数}$$

差是一道分数乘以整数的计算。根据减法的被减数、减数、差之间的关系可知：

$\square = 2997 - \dfrac{2995}{2996} \times 2997$，减数和被减数都有相同因数 2997，用乘法分配律进行计算，于是题目就转化成乘法来计算。

$$\square = 2997 - \dfrac{2995}{2996} \times 2997$$

$$= 2997 \times \left(1 - \dfrac{2995}{2996} \right)$$

$$= 2997 \times \dfrac{1}{2996}$$

$$= \dfrac{2997}{2996}$$

第五章

1

答案：①③⑤一组，②④⑥一组。

解析：观察发现，6 个图形分别都是由两个梯形组成的，不同的是组成①③⑤图形的是两个直角梯形，组成②④⑥图形的则不是两个直角梯形。

2

答案：可以按用具形状分类，也可以按用具装东西的多少分类。

解析：（1）按用具的形状分类，可以分三类，如下图：

（2）按用具装的东西多少分类，分成装满的、没有装满的、空的三类，如下图：

答案:

□ 有（5）个

▭ 有（4）个

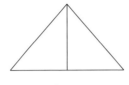

△ 有（3）个

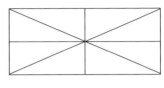

△ 有（16）个

▭ 有（9）个

④

答案: 这道题的意思是，八组分别由两条线组成的图形就是表示同一平面内两条线的不同位置关系。

仔细观察思考，每一组图形中的两条线，有的相交，有的虽然没有相交但通过延长后就会相交在一起，有的则无论怎样延长也不相交。根据题意（相交与平行），可以将八组图形分类如下：

相交 　　　　　 平行

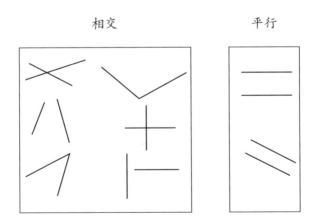

再根据两条线相交的角度，我们又可以把相交的线再进行分类，即斜交和垂直：

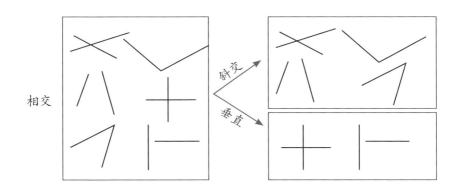

相交 斜交 垂直

答案：共有 11 种选择方式。至少 12 名学生参加才能保证有两个或两个以上的同学参加兴趣班的情况完全相同。

解析：本题是抽屉原理在实际问题中的灵活应用，根据题目，用分类法找出学生参加兴趣班的所有可能情况，是解决本题的关键。

根据题意，我们用分类的方法讨论，学生参加兴趣班的选择情况有：选择不参加的情况有 1 种，只选择一个兴趣班的有书法、舞蹈、美术、非洲鼓共 4 种，选择两个兴趣班的有书法和舞蹈、书法和美术、书法和非洲鼓、舞蹈和美术、舞蹈和非洲鼓、美术和非洲鼓共 6 种，每名学生参加兴趣班的选择方式有：1+4+6=11（种）。

每名学生有 11 种不同的选择，换个角度这样想——就是 11 个抽屉让多少名学生去选择才能保证有两个或两个以上的同学选择的抽屉是一样的。如果每名学生选择 11 种方式的一种则刚好是 11 人，要想有相同的选择至少有 12 名学生，才能保证一定有两个或两个以上的同学参加兴趣班的情况完全相同。

第六章

❶

答案：

（1）

小明同学家一周每天使用垃圾袋数量统计表

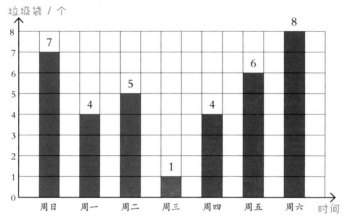

（2）小明同学家平均每天使用 5 个垃圾袋，即：

（7+4+5+1+4+6+8）÷7=35÷7=5（个）

（3）建议：小明同学家周日、周五、周六使用的垃圾袋很多，超过了平均数，周三垃圾袋用得最少，建议他们每天都像周三一样，减少垃圾袋的使用数量，特别是周日、周五、周六这三天，为低碳环保做出贡献。

❷

答案：

（1）美国，中国。

（2）美国，巴西，中国。

（3）开放题，只要言之有理就行。

3

答案：

（1）他们在游乐场玩了（2.5）小时。

（2）如果他们去的时候中途不休息，（30）分钟就可以到达游乐场。

（3）他们回家时用了（15）分钟，骑车的速度是每小时（20）千米。

4 此题是通过两种不同形式的统计图，让学生形象感知条形统计图和折线统计图的各自特点和作用。

答案：

（1）比较两种统计图，折线统计图能更好地反映小强同学体温变化的趋势。

（2）① 6

② 39.5，36

③ 37.5

④ 图中黄色部分表示正常体温。

⑤ 好转。

5

答案：

（1）45%

解析：把整个饼状看作单位1，也就是100%，然后分别减去 O 型、A 型、B 型血型学生的百分比，即 100%-15%-30%-10%=45%。

（2）36°

解析：一个圆周角是 360°，根据扇形图可知，把整个圆周角分成了 100 份，B 型血型所在的扇形圆心角占 10 份，即 360° 的 10%，列式计算为 360° ×10%=36° 。

（3）400 人，180 人，柱状图略。

解析：根据 A 型血型的学生占总人数的 30%，人数是 120 人，可以算出总人数为：120÷30%=400（人）。

AB 型人数为：400−120−40−60=180（人）；

或者 400×45%=180（人）。

第七章

1

答案：补充的问题有：

① 小鸡比小鸭多几只？

② 小鸭比小鸡少几只？

③ 小鸡拿走几只就和小鸭同样多？

④ 小鸭再来几只就和小鸡同样多？

⑤ 求小鸡和小鸭相差几只？

这五个问题本质上其实都是求小鸡和小鸭相差几只。

解析：这道题是训练同学们根据已知条件，运用联想思维从不同角度提出问题，通过联想出的问题，可以总结出虽然语言表述上不尽相同，但解决的都是相差数的问题。找到了不同问题之间的共性，使同学们的思维变得更清晰、有条理、系统化。

2

答案：

（1）有 21 条线段。

解析：过 A 点有 6 条线段，用同样方法，数出过 B 点有 5 条，过 C 点有 4 条，过 D 点有 3 条，过 E 点有 2 条，过 F 点有 1 条。即有 6+5+4+3+2+1=21 条；

用联想思维可以类推 10 个端点有 9+8+7+6+5+4+3+2+1=45 条线段；

15 个端点有 14+13+12+11+10+9+8+7+6+5+4+3+2+1=105 条线段。

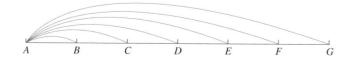

（2）有 6 个角。

解析：用联想思维，换一个角度把数角的个数转化成数线段的方法，把角的边联想成线段的端点，然后用数线段的方法就数出了角的个数，即：

$$3+2+1=6（个）$$

（3）有 10 个三角形。

解析：同样用联想思维，换一个角度把数三角形的个数转化成数线段或者角的方法，把三角形的边联想成线段的端点或者角的边，然后用数线段的方法就数出了三角形的个数，即：

$$4+3+2+1=10（个）$$

3

解析：这道题中前三题的每一小题的答案都不是唯一的，是一题多解或者叫一题多结果的开放题，可以训练同学们通过联想思维寻找多个答案。

（1）一个 0 也不读出来的 7 位数是：6666000、6606600、6006660。

（2）只读一个 0 的 7 位数是：6660006、6660060、6660600；6600066、6600660、6606006、6606060；6066600；6006606、6006066、6000666。

（3）只读两个 0 的 7 位数是：6600606、6060660、6060066、6066006。

（4）三个 0 都读的 7 位数是：6060606。

（5）最大的 7 位数是：6666000。

（6）最小的 7 位数是：6000666。

4

答案：4.5 厘米

解析：这道题如果看图是很难找到解题突破口的，用联想思维，把点 C、D、E 三点联想成一个三角形的顶点，即把 C、E 两点连接起来，进一步观察三角

形 *CDE*，它的底是长方形的长，高是长方形的宽，面积＝长 × 宽 ÷2。或者可以看成底是正方形边长，高也是正方形边长的三角形,面积＝边长 × 边长(正方形) ÷2。

这样就很容易联想到三角形 *CDE* 既是长方形面积的一半，也是正方形面积的一半。

再进一步联想到正方形的面积和长方形的面积相等，所以长方形的宽是：

$$6×6÷8=4.5（厘米）$$

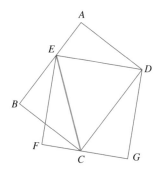

⑤

答案：9块。

解析：这道题如果只从题意和题中的数量关系去分析，很难找到列式解题的方法。同学们可以利用已经学过的各种类型的应用题展开联想，当联想到工程问题时，此题就迎刃而解啦。

方法一：我们可以把巧克力的数量看作"1"，再来看原题：一盒巧克力分给两个班的小朋友，每个小朋友可分到6块。如果只分给向日葵班的小朋友，每个小朋友可分得18块。如果只分给小雏菊班的小朋友，每个小朋友可分得多少块巧克力？这俨然就是一道工程问题了，从而寻找到了解题方法：

$$1÷\left(\frac{1}{6}-\frac{1}{18}\right)=9（块）$$

方法二：一盒巧克力分给两个班的小朋友，每个小朋友可分到 6 块。如果只分给向日葵班的小朋友，每个小朋友可分得 18 块。这里我们可以知道平均每人多分得了 12 块（18-6=12），说明向日葵班的小朋友人数是小雏菊班小朋友人数的 0.5 倍（6÷12=0.5）。

因此，这盒巧克力如果只分给小雏菊班的小朋友，每个小朋友可多分到 3 块（6×0.5=3），即每个小朋友可分得 9 块（6+3=9）巧克力。

第八章

1

答案： 熊三一箭射落装梨的盘子。

解析： 熊大、熊二思考的是凭自己的射箭技术怎么能用最少的箭射中全部梨，是从题目问题出发思考，用的是常规的正向思维。熊三用的是逆向思维，从问题的相反方向思考，怎么能让梨没有地方放——一箭射落装梨的盘子，梨自然就全都掉啦。

2

答案： A 杯有饮料 460 毫升，B 杯有饮料 340 毫升。

解析： 首先我们先按照正向思维来解答：假设 A 杯里的饮料为 X，B 杯里的饮料则为 $800-X$，也就是说，$X-60=800-X+60$，运算可得 $X = 460$，那么 B 杯的饮料有 340 毫升（$800-460 = 340$）。所以在将 A 杯的饮料分给 B 杯之前，A 杯有饮料 460 毫升，B 杯有饮料 340 毫升。

运用逆向思维，解题会更快。根据题意从结果"两个杯子里面的饮料一样多""两杯饮料一共 800 毫升"逆推可知，两个杯子的饮料都是 400 毫升。那么，我们将 B 杯里面的饮料再倒回 60 毫升到 A 杯里面，即可知 A、B 杯最初有多少毫升饮料。所以，A 杯的饮料为 460 毫升（400+60=460），而 B 杯的饮料为 340 毫升（400-60=340）。

3

答案： 这个数是 1。

解析： 根据题目可以画出火车，如图（1）所示：

$$\boxed{?} \xrightarrow{+9} \boxed{?} \xrightarrow{\times 9} \boxed{?} \xrightarrow{-9} \boxed{?} \xrightarrow{\div 9} 9$$

（1）

运用逆向思维的方法，根据题意从最后一个数用相反的算法倒推算，如图（2）所示：

$$\boxed{1} \underset{-9}{\overset{+9}{\rightleftharpoons}} \boxed{10} \underset{\div 9}{\overset{\times 9}{\rightleftharpoons}} \boxed{90} \underset{+9}{\overset{-9}{\rightleftharpoons}} \boxed{81} \underset{\times 9}{\overset{\div 9}{\rightleftharpoons}} 9$$

（2）

4

答案：最后留下的小朋友第一轮报数时是 64。

解析：我们用逆向思维从问题的结论出发（最后留下的小朋友最后一次报什么数开始），逐步倒着追溯，一直追溯到问题提出的条件（这个小朋友第一轮报数时是多少）为止。即最后被留下的小朋友在倒数第一轮报数时必定是 2，如果报的是 1 就会离开，不可能留下；同样道理，倒数第二轮报数时必定是 4；在倒数第三轮报数时必定是 8；接着倒推下去可知这个小朋友在倒数第四轮、第五轮、第六轮报数时依次报的数是 16、32、64。倒数第六轮也就是开始报数的第一轮，所以最后留下的小朋友第一轮报数时是 64。

5

解析：用逆向思维，将问题进行转换。

① 将瓶子的四个瓶口，简化成四个点来思考，好像不能使其中任意两个瓶口的距离都相等。

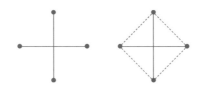

　② 如果是三个瓶子，就非常容易了，到等边三角形各顶点距离相等的点为几何中心点，在三个角和中心点上分别放一个瓶子，把中心点的瓶子瓶口朝下倒过来，把瓶口用线连起来，可得到任意两个瓶口的距离都相等。

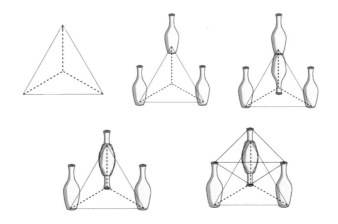

第九章

1

答案：100%

从图中明显可以看出，1个橘子和2根香蕉重量相等。

算式：（2-1）÷1×100% ＝ 100%

2

答案：120

解析：借助长方形图找到解题的关键点。先画一个长方形，B 表示长，A 表示宽，那么 AB 的积就是长方形（1）的面积。再根据题意，当 B 增加 20，也就是长增加 20，A 不变，即宽不变，画出图（2）；当 B 不变，也就是长不变，A 增加 12，即宽增加 12，画出图（3）。

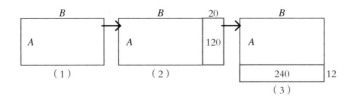

对图（2），根据长方形的面积公式求出原长方形的宽，即 $A=120÷20=6$；

对图（3），根据长方形的面积公式求出原长方形的长，即 $B=240÷12=20$；

那么，A、B 的积为 $20×6=120$。

3

答案：$53×62$ 的积大。

解析：运用数形结合思维，把题目中的数转化为长方形图，把问题转化为长方形的面积问题。根据这两个算式，画出两个长方形，如图（1）和图（2）所示。

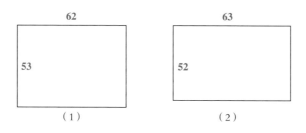

（62+53）×2=（63+52）×2，可知这两个长方形周长相等。根据周长相等的两个长方形，长与宽的差越小，面积就越大，长和宽相等变成正方形时面积最大，得出 62-53=9，63-52=11，所以 53×62 的积大。

★4

答案：16 人

解析：$60\% = \dfrac{3}{5}$

根据题中的数量关系，我们可以画成以下图形。

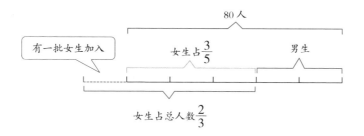

观察图形，可以转化成新的数量关系：将原来的总人数 80 人看作 5 份，女生占 3 份（60%），则男生占 2 份，后又有一批女生加入，女生则占总人数

的 $\frac{2}{3}$。从图中推知现在的总人数为 6 份，加入的女生为 1 份（6−5=1），得到加入的女生为 16 人（80÷5=16）。

5

答案：问题一：60 面；问题二：64 面。

通过计算可以发现第一个问题数、形两种计算方法的答案是一样的。第二个问题数、形两种计算方法的答案不一样，直接用数字计算出来的答案是错误的。通过比较还发现，如果长方形的长和宽刚好是三角形底和高的倍数，就可以用包含除的方法直接计算，如果不是倍数关系的，就得结合图形从行和列的角度思考问题。

解析：问题一

① 运用题目中的数据计算，即用长方形的面积除以三角形的面积（包含除），72×30÷（12×6÷2）=60（面）。

② 根据题意可以画出如下示意图。

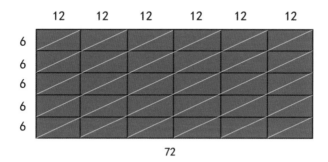

根据示意图可知 72÷12=6，表示每一行可以剪 6 块，30÷6=5，表示有这样的 5 行，这样先转化成长方形，再转化成三角形，所以还要再乘以 2。即：

72÷12×（30÷6）×2=60（面）

③ 根据上幅示意图，可知 $72 \times 30 = 2160$ 是长方形红布的面积；$12 \times 6 = 72$ 是要做成三角旗子的底和高组成的长方形面积；$72 \times 30 \div (12 \times 6) = 30$ 表示长方形红布可以分成 30 块小长方形，再转化成三角形旗子，所以还要再乘以 2。即：

$72 \times 30 \div (12 \times 6) \times 2 = 60$（面）

这道题还有其他的看图计算法，等你去发现啦！

解析： 问题二

① 用长方形红布的面积除以三角形旗子的面积（包含除），即 $72 \times 30 \div (11 \times 6 \div 2) = 65.45$（面），去尾法，得可做出 65 面旗子，但这样做对吗？

② 根据题意可以画出如下示意图：

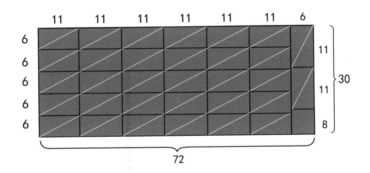

通过示意图我们发现，红布剩余的部分横着不够再剪了，竖着的话可以再剪 4 面旗子。列式为：$72 \div 11 = 6 \cdots\cdots 6$（分米），$30 \div 6 = 5$，$6 \times 5 \times 2 = 60$（面）；剩下的一块竖着剪，列式为：$30 \div 11 = 2 \cdots\cdots 8$（分米），$2 \times 2 = 4$（面），一共可剪 $60 + 4 = 64$（面）。

第十章

1

解析：这一组图形我们应该从两方面来看：一方面是旗子的方向，另一方面是旗子上花朵的个数。

首先我们看一下旗子的方向。第1面旗子向右，第2面向上，第4面向下，可以发现旗子的方向是按逆时针旋转的，并依次旋转90°。所以第3面旗子应是第2面旗子逆时针旋转90°。

其次我们看旗上花朵的个数。第1面是5个，第2面是4个，第4面是2个，可见个数是依次减少1个，所以第3面旗上应是3个花朵。

所以空白处的图形应为：

2

答案：1600位于第②列，1999位于第③列。

解析：

方法一：仔细观察表中所有数，从行的角度找出这些数的规律，把表中的数每两行分为一组，第一组有 9 个数，其余各组都只有 8 个数。

（1600−9）÷8=198……7，（1999−9）÷8=248……6，所以，1600 位于第 199 组的第 7 个数，1999 位于第 249 组的第 6 个数，即 1600 位于第②列，1999 位于第③列。

方法二：仔细观察表中所有数，找出这些数的规律，考虑除以 8 所得的余数，发现第①列的数除以 8 余 1；第②列的数除以 8 余 2 或是 8 的倍数；第③列的数除以 8 余 3 或 7；第④列的数除以 8 余 4 或 6；第⑤列的数除以 8 余 5；而 1600÷8=200，1999÷8=249……7，则 1600 位于第②列，1999 位于第③列。

❸

答案：13+31=44　24+42=66　32+23=55　34+43=77
46+64=110　57+75=132　38+83=121　49+94=143

通过计算发现：两个互换个位数字和十位数字的两位数相加的和，结果是 11 的倍数。

解析：通过观察算式，能够发现这样一些规律——所有的算式都是两位数加两位数，每个算式的两个加数都为个位和十位数字互换的数。再进一步观察，所有算式的得数有两位数也有三位数，它们有什么共同的规律呢？把它们分别分解质因数发现，每个数都是 11 的倍数。这样就可以大胆猜想并归纳结论：两个互换个位数字和十位数字的两位数相加的和，结果是 11 的倍数。

再举例验证：56+65=121 = 11×11，79+97=176=11×16，初步验证猜想是正确的。

再进一步进行严密的数学证明：设任意一个两位数是 ab（a 和 b 是 1～9 的任意自然数），那么 $ab+ba=（10a+b）+（10b+a）=10a+b+10b+a=11a+11b=11（a+b）$，从而证明了结论的正确性。

4

答案：

问题一

摆第 n 个图案用 $5 \times n - (n-1)$ 根火柴棒。

解析：

观察并数一数，摆第 1 个图案用 5 根火柴棒，摆第 2 个图案用 9 根火柴棒，摆第 3 个图案用 13 根火柴棒。

分析找规律，摆第 1 个图案用 5 根火柴棒，即 $5 \times 1 - (1-1)$，摆第 2 个图案用 9 根火柴棒，即 $5 \times 2 - (2-1)$，摆第 3 个图案用 13 根火柴棒，即 $5 \times 3 - (3-1)$。由此推测出摆第 n 个图案用 $5 \times n - (n-1)$ 根火柴棒。

验算一下，照此方法，摆第 4 个图案用 $5 \times 4 - (4-1)$ 即 17 根火柴棒，摆第 5 个图案用 $5 \times 5 - (5-1)$ 即 21 根火柴棒，如图（4）、图（5）所示，数一数，证明推测是正确的。

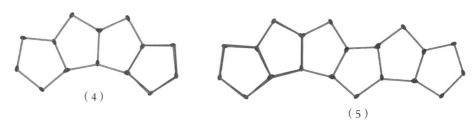

（4）

（5）

问题二

摆 121 根火柴棒时，是第 30 个图案。

解析：

用刚刚推出的公式：摆第 n 个图案用 $5 \times n - (n-1)$ 根火柴棒计算，得出摆 121 根火柴棒时，由于 $(121-1) \div 4 = 30$，即是第 30 个图案。

15

答案:

问题一

把棱长是 4 厘米的大正方体表面涂成红色, 然后切成棱长是 1 厘米的小正方体, 一共得到 64 个小正方体, 其中三面涂色的小正方体有 8 个, 两面涂色的小正方体有 24 个, 只有一面涂色的小正方体有 24 个, 各面都没有涂色的小正方体有 8 个。

问题二

把棱长是 n 厘米的大正方体表面涂成红色, 然后切成棱长是 1 厘米的小正方体, 一共得到 $n \times n \times n$ 个小正方体, 三面涂色的小正方体有 8 个, 两面涂色的小正方体有 $12 \times (n-2)$ 个, 只有一面涂色的小正方体有 $6 \times (n-2) \times (n-2)$ 个, 各面都没有涂色的小正方体有 $(n-2) \times (n-2) \times (n-2)$ 个。

解析:

① 第一步, 如果把表面涂色的棱长是 2 厘米的大正方体切成棱长是 1 厘米的小正方体, 得到的小正方体面涂色情况是怎样的呢? 画图, 观察, 思考, 然后按每条棱等分数、分成的小正方体总个数、三面都有涂色的个数、两面有涂色的个数、一面有涂色的个数、六个面都没有涂色的个数分别统计起来, 填入下面表格中。

② 第二步, 如果把表面涂色的棱长是 3 厘米的大正方体切成棱长是 1 厘米的小正方体, 得到的小正方体面的涂色情况是怎样的呢? 像第一步一样完成表格。

③ 第三步, 如果把表面涂色的棱长是 4 厘米的大正方体切成棱长是 1 厘米的小正方体, 得到的小正方体面的涂色情况是怎样的呢? 像第二步一样完成表格。

④ 第四步, 如果把表面涂色的棱长是 5 厘米的大正方体切成棱长是 1 厘

米的小正方体，得到的小正方体面的涂色情况是怎样的呢？像第三步一样完成表格。

⑤ 观察、分析完成的表格，找切分的方法与各种数的关系，从而推断出把棱长是 n 厘米的大正方体表面涂成红色，然后切成棱长是 1 厘米的小正方体，得到的小正方体的各种情况的个数的规律。

小正方体表面涂色情况统计表

每条棱等分数	小正方体总数	三面涂色数	两面涂色数	一面涂色数	各面无涂色数
2	8	8	0	0	0
3	27	8	12	6	1
4	64	8	24	24	8
5	125	8	36	54	27
n	$n \times n \times n$	8	$12 \times (n-2)$	$6 \times (n-2) \times (n-2)$	$(n-2) \times (n-2) \times (n-2)$